12.8 绚丽光效设计
技术难度：★★★★　☑专业级

实例描述：绘制矢量图形并添加图层样式，产生光感特效。再通过复制、变换图形与编辑图层样式，改变图形的外观及发光颜色，使画面光效绚丽丰富。

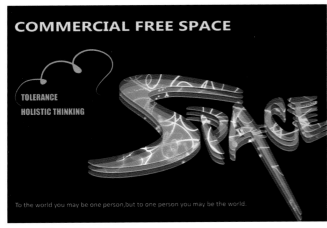

12.5　激光镭射字

10.11　拓展练习：霓虹灯光动画效果

I That Easy to Forget

Life can only be understood backwards
but it must be lived forwards
To the world you may be one person
but to one person you may be the world

12.9 优雅艺术拼贴
技术难度：★★★☆ ☑专业级

实例描述：本实例是在图层蒙版中绘制大小不同的方块，对图像进行遮罩，再通过色彩的调整，产生微妙的变化。

插画 · 特效字 · 纹理质感 · UI · 封面设计 · 绘图 · 动漫 · 包装 · 海报 · POP · 写实效果 · 名片 · 吉祥物

4.13 封面设计实例：时尚解码
技术难度：★★★★ ☑专业级

7.9 海报设计实例：音乐节海报
技术难度：★★★★ ☑专业级

12.12	CG风格人物
🖱	技术难度：★★★★★　☑专业级

实例描述：通过修饰图像、调整颜色、绘制和添加特殊装饰物等，改变人物原有的气质和风格，打造出完全不同的面貌，既神秘、又带有魔幻色彩。

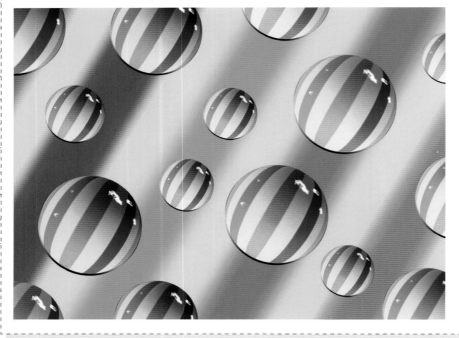

7.5 特效设计：
时尚水晶球

技术难度：★★★★ ☑专业级

实例描述：制作彩色条纹，通过滤镜扭曲为水晶球，深入加工，增强其光泽与质感。

插画·特效字·纹理质感·UI·包装·动漫·封面·海报·3D·写实效果·名片·抠图

9.6 特效字实例：面包字

6.8 抠图实例：用钢笔工具抠陶瓷工艺品

11.7 3D实例：在模型上贴材质

2.6 填充实例：为黑白图像填色

4.3 高级技巧：虚实结合、跃然而出

12.1 创意搞怪表情涂鸦
技术难度：★★★　☑专业级

实例描述：根据图片中嘴的形状，设计出其他五官，合成一张完整的面孔廓。

一只想成为**兔子**的猪

12.7 可爱卡通形象设计

绘画·特效·纹理质感·UI·包装·**玩具**·封面·海报·POP·写实效果·名片·吉祥物

10.6 绘画实例：绘制像素画

2.7 高级技巧：填充自定义的图案

12.2 光盘封套设计

3.8 特效设计实例：百变鼠标

12.11 鼠绘超写实跑车
技术难度：★★★★★ ☑专业级

实例描述：用电脑绘制汽车、轮船、手机等写实类效果的对象时，如果仅靠画笔、加深、减淡等工具，没法准确表现对象的光滑轮廓。绘制此类效果图时，最好先用钢笔工具将对象各个部件的轮廓描绘出来，然后将路径转换为选区，用选区限定绘画区域，就可以绘制出更加逼真的效果。

影像合成·特效字·纹理质感·UI·包装·动漫·封面·海报·3D·写实效果·名片·吉祥物

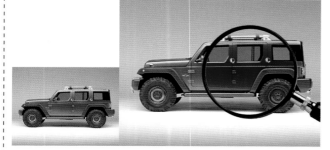

4.10 剪贴蒙版实例：神奇的放大镜

4.11 图层蒙版实例：甲壳虫鼠标

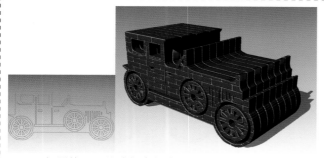

11.11 拓展练习：从路径中创建矢量图形

11.6 3D实例：创建3D立体字

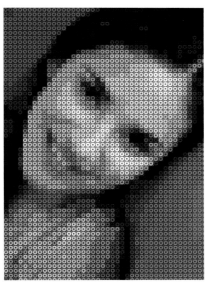

3.9

技术难度: ★★★☆
☑专业级

广告设计实例:
灯具广告

12.4

技术难度: ★★★☆
☑专业级

圆环人像

11.10

技术难度: ★★★★
☑专业级

包装设计实例:
制作易拉罐

影像合成·特效字·纹理质感·UI·包装·3D动漫形象·封面·海报·POP·写实效果·名片·吉祥物

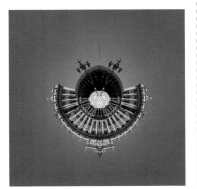

7.10 拓展练习: 两种球面全景图

11.9 3D实例: 制作立体玩偶

4.12 通道实例: 爱心水晶

9.7 特效字实例: 糖果字

7.6 特效实例：金属人像

技术难度：★★★☆　☑专业级

实例描述：用滤镜将人像制作为金属铜像。用加深、减淡等工具修补图像细节，让效果更加逼真。

12.6 金属特效字

12.3 隐形人

2.11 拓展练习

6.11 拓展练习

9.8 拓展练习：雾状变形字

 8.7 技术难度：★★★★
☑专业级

特效设计设计实例：
炫彩光效

 6.9 技术难度：★★★★
☑专业级

抠图实例：
用调整边缘命令抠像

 3.6 技术难度：★★★☆
☑专业级

创意设计实例：
移形换影

绘图·特效·纹理·UI·包装·卡通·封面·绘画·POP·写实效果·名片·吉祥物·图表

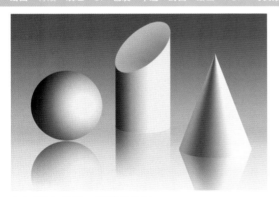

2.8 渐变实例：石膏几何体

2.10 渐变实例：超炫光效书页

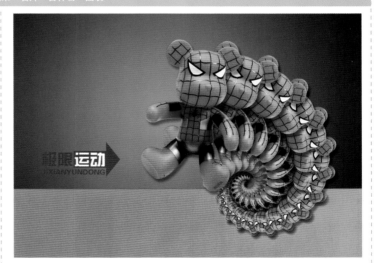

2.9 变换实例：分形艺术
技术难度：★★☆ ☑玩家级

实例描述：变换艺术（Fractal Art）是纯计算机艺术，
它是数学、计算机与艺术的完美结合，可以展现数学世
界的瑰丽景象。

12.10

咖啡壶城堡

技术难度：★★★★☆ ☑专业级

实例描述：本实例主要通过制作图层蒙版、剪贴蒙版、变形与混合模式等功能将咖啡壶与城堡合成在一起。背景合成时使用了两幅风景图像，通过照片滤镜调整图层来统一色调。

插画·特效·纹理质感·UI·包装·动漫·封面·海报·POP·照片处理·名片·3D

8.9 拓展练习：用光盘中的样式制作金属特效

7.8 特效实例：金银纪念币

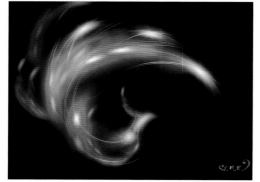

7.7 特效实例：流彩凤凰

6.6 照片处理实例：通过批处理为照片加Logo

9.5 特效字实例：牛奶字

技术难度：★ ★ ★ ☆　☑专业级

实例描述：在通道中制作塑料包装效果，载入选区后应用到图层中，制作出奶牛花纹字。

绘画·特效·纹理质感·UI·包装·图案·封面·海报·POP·影像合成·名片·吉祥物

8.8 UI设计实例：掌上电脑

10.7 绘画实例：可爱超萌的表情图标

3.7 特效设计实例：唯美纹身

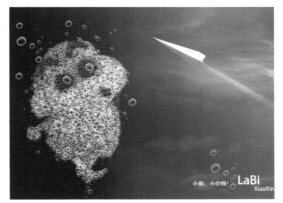

4.4 高级技巧：用自定义画笔塑造形象

4.14　拓展练习：如此瑜伽
技术难度：★★★　☑玩家级

6.7　抠图实例：用抽出滤镜抠玩具熊
技术难度：★★★　☑玩家级

服装画·特效·纹理·UI·包装·动漫·封面·海报·3D·照片处理·名片·吉祥物·图表

5.8　通道磨皮实例：缔造完美肌肤

7.10　拓展练习：两种球面全景图

5.11　拓展练习

5.9　通道调色实例

5.10　Camera Raw实例

11.8　3D实例

6.10 抠图实例：用通道抠像

技术难度：★★★☆ ☑专业级

实例描述：先用钢笔工具描绘出人物的大致轮廓；再用通道制作婚纱的选区；最后用"计算"命令将这两个选区相加。

4.9 矢量蒙版实例

技术难度：★★☆ ☑专业级

绘画·特效字·纹理质感·UI·包装·动漫·封面·海报·POP·写实效果·名片·图表

3.10 拓展练习：愤怒的小鸟

5.7 修图实例：用"液化"滤镜修出完美脸型

10.9 视频实例：制作彩铅风格视频短片

10.8 GIF动画实例：淘气小火车

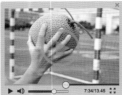

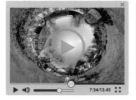

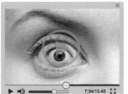
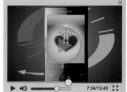

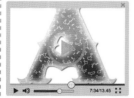

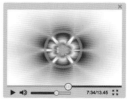

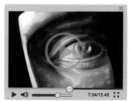
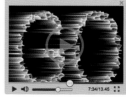

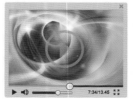

"渐变库"文件夹中提供了500个超酷渐变颜色。

使用"样式库"文件夹中的各种样式，只需轻点鼠标，就可以为对象添加金属、水晶、纹理、浮雕等特效。

钻石效果	皮质效果	石质效果	彩色马赛克块效果	金属网点效果	砖块效果	岩石效果

"照片后期处理动作库"文件夹中提供了Lomo风格、宝丽来风格、反冲效果等动作，可以自动将照片处理为影楼后期实现的各种效果。

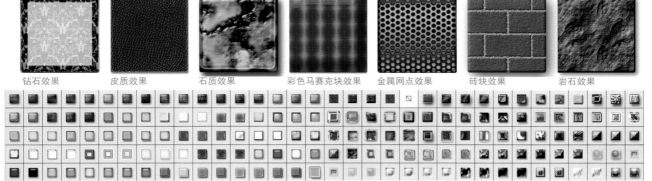

Lomo效果	宝丽来照片效果	反转负冲效果	特殊色彩效果	柔光照片效果	灰色淡彩效果	非主流效果

"外挂滤镜使用手册" 电子书包含KPT7、Eye Candy 4000、Xenofex等经典外挂滤镜。CMYK色谱手册、色谱表。

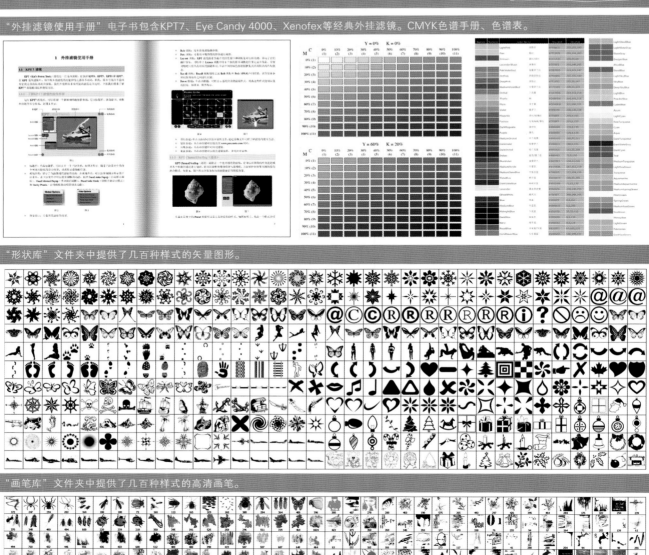

"形状库" 文件夹中提供了几百种样式的矢量图形。

"画笔库" 文件夹中提供了几百种样式的高清画笔。

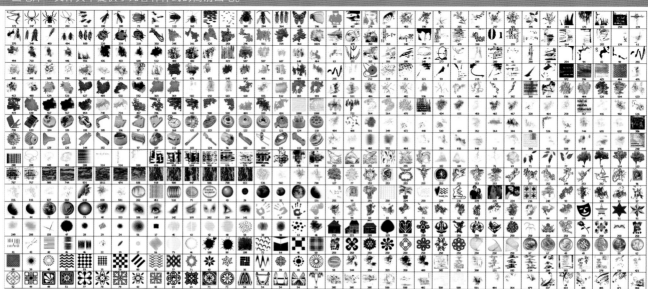

平面设计与制作

突破平面

李金蓉 / 编著

Photoshop CS6

设计与制作深度剖析

清华大学出版社

北京

内 容 简 介

本书采用从设计欣赏到软件功能讲解、再到案例制作的渐进过程，将 Photoshop 功能与平面设计实践紧密结合。书中通过 71 个典型实例和 77 个视频教学录像，由浅入深地剖析了平面设计制作流程和 Photoshop 的各项功能，其中既有抠图、蒙版、绘画、修图、照片处理、文字、滤镜、动作、3D 等 Photoshop 功能学习型实例；也有 VI、UI、封面、海报、包装、插画、动漫、动画、CG 等设计项目实战案例。本书技法全面、案例经典，具有较强的针对性和实用性。读者在动手实践的过程中可以轻松掌握软件使用技巧，了解设计项目的制作流程，充分体验 Photoshop 学习和使用乐趣，真正做到学以致用。

本书适合广大 Photoshop 爱好者，以及从事广告设计、平面创意、包装设计、插画设计、网页设计、动画设计人员学习参考，亦可作为高等院校相关专业的教材。

图书在版编目（CIP）数据

突破平面Photoshop CS6设计与制作深度剖析 / 李金蓉编著.--北京：清华大学出版社，2013.6（2023.1重印）（平面设计与制作）

ISBN 978-7-302-30805-8

Ⅰ.①突… Ⅱ.①李… Ⅲ.①平面设计—图像处理软件 Ⅳ.①TP391.41

中国版本图书馆CIP数据核字（2012）第287032号

责任编辑：陈绿春
封面设计：潘国文
版式设计：北京水木华旦数字文化发展有限责任公司
责任校对：胡伟民
责任印制：曹婉颖

出版发行：清华大学出版社
   网 址：http://www.tup.com.cn，http://www.wqbook.com
   地 址：北京清华大学学研大厦A座 邮 编：100084
   社 总 机：010-83470000   邮 购：010-62786544
   投稿与读者服务：010-62776969，c-service@tup.tsinghua.edu.cn
   质量反馈：010-62772015，zhiliang@tup.tsinghua.edu.cn
印 装 者：天津鑫丰华印务有限公司
经 销：全国新华书店
开 本：203mm×260mm 印 张：17.25 插 页：8 字 数：512千字
   （附DVD1张）
版 次：2013年6月第1版   印 次：2023年1月第11次印刷
定 价：59.80元

产品编号：047792-01

前 言
QIANYAN

　　笔者非常乐于钻研 Photoshop，因为它就像是阿拉丁神灯，可以帮助我们实现自己的设计梦想，因而学习和使用 Photoshop 都是一件令人愉快的事。本书力求在一种轻松、愉快的学习氛围中带领读者逐步深入地了解软件功能，学习 Photoshop 使用技巧以及其在平面设计领域的应用。

　　设计案例与软件功能完美结合是本书的一大特色。每一章的开始部分，首先介绍设计理论，并提供作品欣赏，然后讲解软件功能，最后再针对软件功能的应用制作不同类型的设计案例，读者在动手实践的过程中可以轻松掌握软件使用技巧，了解设计项目的制作流程。71 个不同类型的设计案例和 77 个视频教学录像能够让读者充分体验 Photoshop 学习和使用乐趣、真正做到学以致用。

　　充实的内容和丰富的信息是本书的另一特色。在"小知识"项目中，读者可以了解与设计相关的人物和故事；通过"提示"可以了解案例制作过程中的注意事项；通过"小技巧"可以学习大量的软件操作技巧；"高级技巧"项目展现了各种关键技术在实际应用中发挥的作用，分析了相关效果的制作方法，让大家充分分享笔者的创作经验。此外，每一章的结束部分还提供了拓展练习，可以让读者巩固所学知识。这些项目不仅可以开拓读者的眼界，也使得本书的风格轻松活泼，简单易学，充满了知识性和趣味性。

　　本书共分为 12 章。第 1 章简要介绍了创意设计知识和 Photoshop 基本操作方法。

　　第 2 章~第 11 章讲解了构成设计、版面设计、书籍装帧设计、影楼后期、网店美工、海报设计、UI 设计、字体设计、动漫和卡通设计、包装设计的创意与表现方法，并通过案例巧妙地将 Photoshop 各项功能贯串其中。

　　第 12 章为综合实例，通过 20 个具有代表性的案例全面地展现了 Photoshop 的高级应用技巧，突出了综合使用多种功能进行艺术创作的特点。

　　本书的配套光盘中包含了案例的素材文件、最终效果文件、拓展练习的视频教学录像，并附赠了动作库、画笔库、形状库、渐变库和样式库，以及大量学习资料，包括 Photoshop 外挂滤镜使用手册、色谱表、CMYK 色谱手册等电子书，67 个 Photoshop 多媒体视频教学录像。

　　本书由李金蓉主笔，此外，参与编写工作的还有李金明、李哲、王熹、邹士恩、刘军良、姜成繁、白雪峰、贾劲松、包娜、徐培育、李志华、谭丽丽、李宏宇、王欣、陈景峰、李萍、贾一、崔建新、徐晶、王晓琳、许乃宏、张颖、苏国香、宋茂才、宋桂华、李锐、尹玉兰、马波、季春建、于文波、李宏桐、王淑贤、周亚威、杨秀英等人。由于水平有限，书中难免有疏漏之处。如果您有中肯的意见或者在学习中遇到问题，请与我们联系，Email：ai_book@126.com。

目 录

第01章 创意设计：初识Photoshop

1.1 旋转创意的魔方 2
   1.1.1 创造性思维 2
   1.1.2 创意的方法 3
   1.1.3 让Photoshop为创意助力 4

1.2 数字化图像 7
   1.2.1 位图与矢量图 7
   1.2.2 像素与分辨率 7
   1.2.3 颜色模式 8
   1.2.4 文件格式 9

1.3 Photoshop CS6新增功能 10

1.4 Photoshop CS6工作界面 12
   1.4.1 文档窗口 12
   1.4.2 工具箱 14
   1.4.3 工具选项栏 15
   1.4.4 菜单栏 15
   1.4.5 面板 15

第02章 构成设计：Photoshop基本操作

2.1 平面构成 18
   2.1.1 平面构成元素 18
   2.1.2 平面构成的基本形式 18

2.2 色彩构成 20
   2.2.1 色彩的属性 20
   2.2.2 色彩的易见度 21

2.2.3 对比型色彩搭配 22
2.2.4 调和型色彩搭配 23

2.3 文档的基本操作 24
   2.3.1 新建文件 24
   2.3.2 打开文件 24
   2.3.3 保存文件 24
   2.3.4 查看图像 25
   2.3.5 从错误中恢复 26

2.4 颜色的设置方法 27
   2.4.1 前景色与背景色 27
   2.4.2 拾色器 27
   2.4.3 颜色面板 28
   2.4.4 色板面板 28
   2.4.5 渐变颜色 28

2.5 图像的变换与变形操作 30
   2.5.1 移动图像 30
   2.5.2 定界框、中心点和控制点 30
   2.5.3 变换与变形 31
   2.5.4 操控变形 31
   2.5.5 内容识别比例缩放 32

2.6 填充实例：为黑白图像填色 32

2.7 高级技巧：填充自定义的图案.............34

2.8 渐变实例：石膏几何体 35

2.9 变换实例：分形艺术 38

2.10 变形实例：超炫光效书页 39

2.11 拓展练习：表现雷达图标的玻璃质感...43

第03章　版面设计：图层与选区

3.1 版面的视觉流程 45

3.1.1 视线流动 45

3.1.2 视觉焦点 45

3.1.3 错视现象 45

3.2 版面编排的构成模式 46

3.3 图层 48

3.3.1 图层的原理 48

3.3.2 图层面板 49

3.3.3 新建与复制图层 49

3.3.4 调整图层堆叠顺序 50

3.3.5 图层的命名与管理 50

3.3.6 显示与隐藏图层 50

3.3.7 合并与删除图层 51

3.3.8 锁定图层 51

3.3.9 图层的不透明度 51

3.3.10 图层的混合模式 52

3.4 创建选区 55

3.4.1 认识选区 55

3.4.2 创建几何形状选区 56

3.4.3 创建非几何形状选区 56

3.4.4 磁性套索工具 56

3.4.5 魔棒工具 57

3.4.6 快速选择工具 57

3.5 编辑选区 58

3.5.1 全选与反选 58

3.5.2 取消选择与重新选择 58

3.5.3 对选区进行运算 58

3.5.4 对选区进行羽化 58

3.5.5 存储与载入选区 59

3.6 创意设计实例：移形换影 59

3.7 特效设计实例：唯美纹身 62

3.8 特效设计实例：百变鼠标 65

3.9 广告设计实例：灯具广告 68

3.10 拓展练习：愤怒的小鸟 71

第04章　书籍装帧设计：蒙版与通道

4.1 关于书籍装帧设计 73

4.2 蒙版 74

4.2.1 蒙版的种类 74

4.2.2 矢量蒙版 74

4.2.3 剪贴蒙版 74

4.2.4 图层蒙版 75

4.2.5 用画笔和渐变编辑蒙版 76

4.2.6 用滤镜编辑蒙版 77

4.3 高级技巧：虚实结合、跃然而出 78

4.4 高级技巧：用自定义画笔塑造形象 79

4.5 高级技巧：用数位板作画 80

4.6 通道 81

4.6.1 通道的种类 81

4.6.2 通道的基本操作 81

4.7 高级技巧：通道与选区的关系 82

4.8 高级技巧：通道与色彩的关系 82

4.9 矢量蒙版实例：祝福 83

4.10　剪贴蒙版实例：神奇的放大镜............84

4.11　图层蒙版实例：甲壳虫鼠标 86

4.12　通道实例：爱心水晶 87

4.13　封面设计实例：时尚解码 89

4.14　拓展练习：如此瑜伽 93

第05章　影楼后期必修课：修图与调色

5.1　关于摄影后期处理 95

5.2　修图工具 96

　　5.2.1　照片修饰工具 96

　　5.2.2　照片曝光调整工具 97

　　5.2.3　照片模糊和锐化工具 97

5.3　调色工具 97

　　5.3.1　调色命令与调整图层 97

　　5.3.2　亮度/对比度命令 98

　　5.3.3　色相/饱和度命令 98

　　5.3.4　色阶 99

　　5.3.5　曲线 100

5.4　高级技巧：观察直方图了解曝光情况...102

5.5　高级技巧：在阈值状态下调整色阶 103

5.6　高级技巧：消除由于调整而产生的色偏104

5.7　修图实例：用"液化"滤镜修出完美脸型..104

5.8　通道磨皮实例：缔造完美肌肤............105

5.9　通道调色实例：夕阳无限好 108

5.10　CameraRaw实例：调整Raw照片......109

5.11　拓展练习：用"消失点"滤镜修图 111

第06章　网店美工必修课：照片处理与抠图

6.1　关于广告摄影 113

6.2　照片处理 113

　　6.2.1　裁剪照片 113

　　6.2.2　修改像素尺寸 114

　　6.2.3　降噪 115

　　6.2.4　锐化 116

6.3　抠图 117

　　6.3.1　分析对象的形状特征 117

　　6.3.2　从色彩差异入手 117

　　6.3.3　从色调差异入手 117

　　6.3.4　基于边界复杂程度的分析 117

　　6.3.5　基于对象透明度的分析 118

6.4　高级技巧：经典抠图插件 118

6.5　高级技巧：解决图像与新背景的融合问题..119

6.6　照片处理实例：通过批处理为照片加Logo..120

6.7　抠图实例：用抽出滤镜抠玩具熊 122

6.8　抠图实例：用钢笔工具抠陶瓷工艺品...124

6.9　抠图实例：用调整边缘命令抠像 125

6.10　抠图实例：用通道抠像 128

6.11　拓展练习：用魔棒和快速蒙版抠图 129

第07章　海报设计：滤镜与插件

7.1　关于海报设计 132

　　7.1.1　海报的种类 132

　　7.1.2　海报中常用的表现手法 132

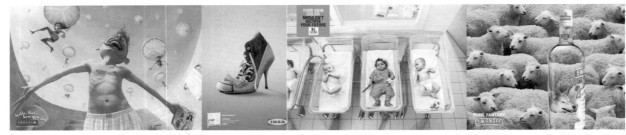

7.2 Photoshop滤镜 134

   7.2.1 滤镜的原理 134

   7.2.2 滤镜的使用规则 134

   7.2.3 滤镜的使用技巧 135

   7.2.4 滤镜库 135

   7.2.5 智能滤镜 136

7.3 高级技巧：提高滤镜性能 137

7.4 Photoshop插件 137

   7.4.1 安装外挂滤镜 137

   7.4.2 外挂滤镜的类别 138

   7.4.3 10大Photoshop插件 138

7.5 特效实例：时尚水晶球 140

7.6 特效实例：金属人像 143

7.7 特效实例：流彩凤凰 145

7.8 特效实例：金银纪念币 148

7.9 海报设计实例：音乐节海报 151

7.10 拓展练习：两种球面全景图 154

第08章　UI设计：图层样式与特效

8.1 关于UI设计 157

8.2 图层样式 157

   8.2.1 添加图层样式 157

   8.2.2 效果预览 158

   8.2.3 编辑图层样式 158

   8.2.4 设置全局光 159

   8.2.5 调整等高线 159

8.3 使用样式面板 160

   8.3.1 样式面板 160

   8.3.2 载入样式库 160

8.4 高级技巧：在原有样式上追加新效果...161

8.5 高级技巧：让效果与图像比例相匹配...161

8.6 高级技巧：效果与滤镜的强强联合 162

8.7 特效设计实例：绚彩光效 162

8.8 UI设计实例：掌上电脑 165

8.9 拓展练习：用光盘中的样式制作金属特效..169

第09章　字体设计：文字的创建与编辑

9.1 关于字体设计 172

   9.1.1 字体设计的原则 172

   9.1.2 字体的创意方法 172

   9.1.3 创意字体的类型 172

9.2 创建文字 173

   9.2.1 文字功能概览 173

   9.2.2 创建点文字 173

   9.2.3 创建段落文字 173

   9.2.4 创建路径文字 174

9.3 编辑文字 174

   9.3.1 格式化字符 174

   9.3.2 格式化段落 175

   9.3.3 栅格化文字 175

9.4 高级技巧：基于现有文字的矢量变形处理176

9.5 特效字实例：牛奶字 176

9.6 特效字实例：面包字 179

9.7 特效字实例：糖果字 183

第10章　卡通和动漫设计：矢量、动画与视频

10.1　关于卡通和动漫 187

　　10.1.1　卡通 187

　　10.1.2　动漫 187

10.2　矢量功能 188

　　10.2.1　绘图模式 188

　　10.2.2　路径运算 188

　　10.2.3　路径面板 189

10.3　用钢笔工具绘图 189

　　10.3.1　了解路径与锚点 189

　　10.3.2　绘制直线 190

　　10.3.3　绘制曲线 190

　　10.3.4　绘制转角曲线 191

　　10.3.5　编辑路径形状 191

　　10.3.6　选择锚点和路径 192

　　10.3.7　路径与选区的转换方法 192

10.4　高级技巧：通过观察光标判断钢笔工具用途..192

10.5　用形状工具绘图 193

　　10.5.1　创建基本图形 193

　　10.5.2　创建自定义形状 193

10.6　绘画实例：绘制像素画 194

10.7　绘画实例：可爱又超萌的表情图标 197

10.8　GIF动画实例：淘气小火车 200

10.9　视频实例：制作彩铅风格视频短片....202

10.10　高级技巧：像素长宽比校正 204

10.11　拓展练习：霓虹灯光动画效果..........205

第11章　包装设计：3D效果的应用

11.1　关于包装 207

11.2　3D功能..............................207

　　11.2.1　3D操作界面概览 207

　　11.2.2　3D面板 208

　　11.2.3　使用3D工具 208

　　11.2.4　调整3D相机 209

　　11.2.5　存储3D文件 209

　　11.2.6　导出3D图层 209

　　11.2.7　渲染3D模型 209

11.3　高级技巧：通过3D轴调整3D项目......210

11.4　调整3D材质 211

11.5　调整3D光源 212

　　11.5.1　调整点光 212

　　11.5.2　调整聚光灯 212

　　11.5.3　调整无限光 213

11.6　3D实例：创建3D立体字.............213

11.7　3D实例：在模型上贴材质.............215

11.8　3D实例：制作啤酒瓶................216

11.9　3D实例：制作立体玩偶 217

11.10　包装设计实例：制作易拉罐 218

11.11　拓展练习：从路径中创建3D模型.....222

第12章　综合实例：跨界设计

12.1　创意搞怪表情涂鸦............................224

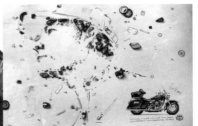

12.2　光盘封套设计 224

12.3　隐形人 229

12.4　圆环人像 231

12.5　激光镭射字 234

12.6　金属特效字 236

12.7　可爱卡通形象设计 239

12.8　绚丽光效设计 245

12.9　优雅艺术拼贴 248

12.10　咖啡壶城堡 251

12.11　鼠绘超写实跑车 255

　12.11.1　绘制车身 255

　12.11.2　制作车轮 258

12.12　CG风格人物 261

　12.12.1　面部修饰 262

　12.12.2　面部贴图 263

　12.12.3　眼妆与头饰 265

第01章

创意设计：初识Photoshop

1.1 旋转创意的魔方

1.1.1 创造性思维

广告大师威廉·伯恩巴克曾经说过："当全部人都向左转，而你向右转，那便是创意"。创意离不开创造性思维。思维是人脑对客观事物本质属性和内在联系的概括和间接反映，以新颖、独特的思维活动揭示事物本质及内在联系，并指引人们去获得新的答案，从而产生前所未有的想法称为创造性思维，它包含以下几种形式。

（1）多向思维

多向思维也叫发散思维，它表现为思维不受点、线、面的限制，不局限于一种模式。例如图 1-1 所示为绝对伏特加广告，设计者巧妙地将伏特加酒瓶图形与门、窗、桥等结合，在这个神奇的街景中藏了 82 处伏特加酒瓶图形。

（2）侧向思维

侧向思维又称旁通思维，它是沿着正向思维旁侧开拓出新思路的一种创造性思维。正向思维遇到问题是从正面去想，而侧向思维则会避开问题的锋芒，在次要的地方做文章。例如图 1-2 所示的摩托罗拉 GPS 广告便运用了侧向思维，画面中传递出这样的信息：问路时遇到太多的热心肠，以至于不知道怎么选择，这时要有一个摩托罗拉 GPS 该有多好。

图1-2

（3）逆向思维

日常生活中，人们往往养成一种习惯性思维方式，即只看事物的一方面，而忽视另一方面。如果逆转一下正常的思路，从反面想问题，便能得出创新性的设想。如图 1-3、图 1-4 所示为生命阳光牛初乳婴幼儿食品广告：不可思议的力量（广州旭日因赛广告公司制作，戛纳广告节铜狮奖），小孩子看到刺猬、小狗后竟然吓得将自己从地面提了起来，广告运用了逆向思维，创造出生动、新奇的视觉效果，让人眼前一亮。

（4）联想思维

联想思维是指由某一事物联想到与之相关的其他事物的思维过程。如图 1-5 所示为 beretta 供暖系统广告，画面中的建筑被套上了一层棉服，使人联想到 beretta 提供的良好供暖和保温效果。

图1-1

图1-3

图1-4

图1-5

　　威廉·伯恩巴克：DDB广告公司创始人。他与大卫·奥格威（奥美广告公司创始人）、李奥·贝纳被誉为20世纪60年代美国广告"创意革命"的三大旗手。想象奇特，以情动人是伯恩巴克广告作品中最突出的特点，其代表作有艾维斯出租汽车公司广告"我们是第二"，大众甲壳虫汽车系列广告等。后者是幽默广告的巅峰之作。以下是该系列广告中"送葬车队"篇的绝妙创意。

　　创作背景：60年代的美国汽车市场是大型车的天下，而甲壳虫汽车形似甲壳虫，马力小，还曾经被希特勒作为纳粹辉煌的象征，因而一直受到美国消费者的冷落。1960年，DDB（恒美广告公司的前身）接手为甲壳虫车打开在美国市场的销路进行广告策划，伯恩巴克提出"think small（想想小的好处）"的主张，运用广告的力量，使美国人认识到小型车的优点，拯救了大众的甲壳虫。

　　广告画面：豪华的送葬车队。

　　解说词：迎面驶来的是一个豪华的送葬车队，每辆车的乘客都是以下遗嘱的受益者。

　　"遗嘱"者的旁白：我，麦克斯韦尔·E·斯内佛列，趁健在清醒时发布以下遗嘱：给我那花钱如流水的妻子留下100美元和一本笔记本；我的儿子罗德内和维克多把我的每一枚五分币都花在时髦车和放荡女人身上，我给他们留下50美元的五分币；我的生意合伙人朱尔斯的座右铭是"花！花！花！"，我什么也"不给！不给！不给！"；我的

其他朋友和亲属从未理解过一美元的价值，我留给他们1美元；最后是我的侄子哈罗德，他常说"省一分钱等于赚一分钱"，还说"麦克斯叔叔买了一辆大众车肯定很值"，我呀，把我所有的1000亿美元财产留给他。

1.1.2　创意的方法

（1）夸张

　　夸张是为了表达上的需要，故意言过其实，对客观的人和事物尽力作扩大或缩小的描述。如图1-6所示为百加得朗姆酒广告：释放无穷能量。

（2）幽默

　　广告大师波迪斯说过："巧妙地运用幽默，就没有卖不出去的东西。"幽默的创意具有很强的戏剧性、故事性和趣味性，能够带给人会心的一笑，让人感到轻松愉快，如图1-7、图1-8所示。

图1-6

图1-7

图1-8

（3）悬念

以悬疑的手法或猜谜的方式调动和刺激受众，使其产生疑惑、紧张、渴望、揣测、担忧、期待、欢乐等一系列心理，并持续和延伸，以达到释疑团而寻根究底的效果。如图1-9所示为Sedex快递广告：请相信快递公司的交货速度。

（4）比较

通常情况下，人们在作出结论之前，都会习惯性进行事物间的比较，以帮助自己作出正确的判断。如图1-10所示为公益广告：你的肤色不应该决定你的未来。

图1-9

图1-10

（5）拟人

将自然界的事物进行拟人化处理，赋予其人格和生命力，能够让受众迅速地在心理产生共鸣。如图1-11所示为Aopt A Dog BETA宠物训练广告：宠物和小孩子一样都是需要教的，如果你不想回到家看到这个画面，联系我们吧。

（6）比喻、象征

比喻和象征属于"婉转曲达"的艺术表现手法，能够带给人以无穷的回味。比喻需要创作者借题发挥、进行延伸和转化。象征可以使抽象的概念形象化，使复杂的事理浅显化，引起人们的联想，提升作品的艺术感染力和审美价值。如图1-12所示为Hall（瑞典）音乐厅海报：一个阉伶的故事。

（7）联想

联想表现法也是一种婉转的艺术表现方法，它通过两个在本质上不同、但在某些方面又有相似性的事物给人以想象的空间，进而产生"由此及彼"的联想效果，意味深远，回味无穷。如图1-13所示为BIMBO Mizup方便面广告（龙虾口味）。

图1-11

图1-12

图1-13

1.1.3 让Photoshop为创意助力

1987年秋，美国密歇根大学博士研究生托马斯·洛尔（Thomes Knoll）编写了一个叫做Display的程序，用来在黑白位图显示器上显示灰阶图像。托马斯的哥哥约翰·洛尔（John Knoll）在一家影视特效公司工作，他让弟弟帮他编写一个处理数字图像的程序，于是托马斯重新修改了 Display 的代码，这个程序被托马斯改名为 Photoshop。

Adobe 买下了 Photoshop 的发行权，并于 1990 年 2 月推出了 Photoshop 1.0，给计算机图像处理行业带来了巨大的冲击。1991 年 2 月，Photoshop 2.0 推出，该版本的发行引发了桌面印刷的革命。如今，Photoshop 早已成为世界上最优秀的图像编辑软件，被广泛应用在不同的设计领域。

（1）在平面设计中的应用

在平面设计与制作中，Photoshop 已经完全渗透到了平面广告、包装、海报、POP、书籍装帧、印刷、制版等各个环节，如图 1-14 ～图 1-16 所示。

图1-14　　　　　　　　图1-15

图1-16

（2）在界面设计中的应用

从以往的软件界面、游戏界面，到如今的手机操作界面、MP4、智能家电等，界面设计这一新兴行业也伴随着计算机、网络和智能电子产品的普及而迅猛发展。界面设计与制作主要是用 Photoshop 来完成的，使用 Photoshop 的渐变、图层样式和滤镜等功能可以制作出各种真实的质感和特效，如图 1-17 所示。

（3）在网页设计中的应用

Photoshop 可用于设计和制作网页页面，如图 1-18 所示。将制作好的页面导入到 Dreamweaver 中进行处理，再用 Flash 添加动画内容，便可生成互动的网站页面。

图1-17

图1-18

（4）在数码摄影后期处理中的应用

作为最强大的图像处理软件，Photoshop 可以完成从照片的扫描、输入、校色、图像修正，再到分色输出等一系列专业化的工作。不论是色彩与色调的调整，照片的校正、修复与润饰，还是图像创造性的合成，在 Photoshop 中都可以找到最佳的解决方法，如图 1-19 所示。

（5）在绘画与数码艺术中的应用

Photoshop 强大的图像编辑功能，为数码艺术爱好者和普通用户提供了无限广阔的创作空间。我们可以随心所欲地对图像进行修改、合成与再加工，制作出充满想象力的作品，如图 1-20 所示。

（6）在动画与 CG 设计中的应用

使用 3ds max、Maya 等三维软件建模时，通常都用 Photoshop 制作人物皮肤贴图、场景贴图和各种质感的材质，这样不仅效果逼真，还能为动画渲染节省宝贵的时间。如图 1-21 所示为韩国 CG 天后李素雅的作品。模型主要用 3ds Max 和 V-ray 完成，如图 1-22 所示，角色的头发和眉毛是用 HairFX 制作的。为了图像渲染更加清晰，她将图片分块制作，最后再用 Photoshop 合成到一起。

（7）在效果图后期制作中的应用

制作建筑效果图时，渲染出的图片通常都要在 Photoshop 中做后期处理，如添加人物、车辆、植物、天空、景观和各种装饰品等，这样不仅节省渲染时间，也增强了画面的美感，如图 1-23 所示。

图1-19

图1-21　　　　　　　　　图1-22

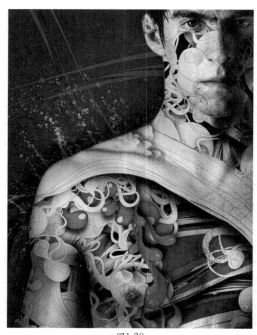

图1-20

图1-23

Adobe公司成立于1982年，总部位于美国加州的圣何塞市，其产品遍及图形设计、图像制作、数码视频、电子文档和网页制作等领域，大名鼎鼎的Photoshop、矢量软件Illustrator、动画软件Flash、专业排版软件InDesign、影视编辑及特效制作软件Premiere和After Effects等均出自该公司。

1.2　数字化图像

1.2.1　位图与矢量图

在计算机世界里，图像和图形等都是以数字方式记录、处理和存储的。它们分为两大类，一类是位图，另一类是矢量图。

位图是由像素组成的，我们用数码相机拍摄的照片、扫描的图像等都属于位图。位图的优点是可以精确地表现颜色的细微过渡，也容易在各种软件之间交换。缺点是受分辨率的制约只包含固定数量的像素，在对其缩放或旋转时，Photoshop 无法生成新的像素，它只能将原有的像素变大以填充多出的空间，产生的结果往往会使清晰的图像变得模糊，也就是我们通常所说的图像变虚了。例如图 1-24 所示为一张照片及放大后的局部细节，可以看到，图像已经有些模糊了。此外位图占用的存储空间也比较大。

矢量图由数学对象定义的直线和曲线构成，因而占的存储空间非常小，而且它与分辨率无关，任意旋转和缩放图形都会保持清晰、光滑，如图 1-25 所示。矢量图的这种特点非常适合制作图标、Logo 等需要按照不同尺寸使用的对象。

图1-24

图1-25

 提示：

位图软件主要有Photoshop、Painter；矢量软件主要有Illustrator、CorelDraw、FreeHand、AutoCAD等。

1.2.2　像素与分辨率

像素是组成位图图像最基本的元素。每一个像素都有自己的位置，并记载着图像的颜色信息，一个图像包含的像素越多，颜色信息就越丰富，图像效果也会更好，不过文件也会随之增大。

分辨率是指单位长度内包含的像素点的数量，它的单位通常为像素 / 英寸（ppi），如 72ppi 表示每英寸包含 72 个像素点，300ppi 表示每英寸包含 300 个像素点。分辨率决定了位图细节的精细程度，通常情况下，分辨率越高，包含的像素就越多，图像就越清晰。如图 1-26 ~ 图 1-28 所示为相同打印尺寸但不同分辨率的 3 个图像，可以看到，低分辨率的图像有些模糊，高分辨率的图像十分清晰。

分辨率为72像素/英寸
图1-26

分辨率为100像素/英寸

图1-27

分辨率为300像素/英寸

图1-28

小技巧：分辨率设置技巧

在Photoshop中执行"文件>新建"命令新建文件时，可以设置它的分辨率。对于一个现有的文件，则可以执行"图像>图像大小"命令修改它的分辨率。

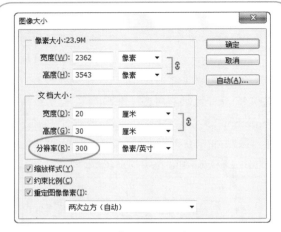

虽然分辨率越高，图像的质量越好，但这也会增加其占用的存储空间，只有根据图像的用途设置合适的分辨率才能取得最佳的使用效果。如果图像用于屏幕显示或者网络，可以将分辨率设置为72像素/英寸（ppi），这样可以减小文件的大小，提高传输和下载速度；如果图像用于喷墨打印机打印，可以将分辨率设置为100~150像素/英寸（ppi）；如果用于印刷，则应设置为300像素/英寸（ppi）。

1.2.3 颜色模式

颜色模式决定了用于显示和打印所处理图像颜色的方法。在 Photoshop 中打开一个文件，文档窗口的标题栏中显示了图像的颜色模式，如图 1-29 所示。如果要转换为其他模式，可以打开"图像 > 模式"下拉菜单，选择一种模式，如图 1-30 所示。

图1-29

图1-30

- 位图：只有纯黑和纯白两种颜色，适合制作艺术样式或用于创作单色图形。
- 灰度：只有 256 级灰度颜色，没有彩色信息。
- 双色调：采用一组曲线来设置各种颜色的油墨，可以得到比单一通道更多的色调层次，能在打印中表现更多的细节。
- 索引颜色：使用 256 种或更少的颜色替代全彩图像中上百万种颜色的过程叫做索引。Photoshop 会构建一个颜色查找表（CLUT），存放图像中的颜色。如果原图像中的某种颜色没有出现在该表中，则程序会选取最接近的一种来模拟该颜色。
- RGB 颜色：由红（Red）、绿（Green）和蓝（Blue）三个基本颜色组成，每种颜色都有 256 种不同的亮度值，因此，可以产生约 1670 余万种颜色（256×256×256）。RGB 模式主要用于屏幕显示，如电视、电脑显示器等都采用该模式。
- CMYK 颜色：由青（Cyan）、品红（Magenta）、黄（Yellow）和黑（Black）四种基本颜色组成，它是一种印刷模式，被广泛应用在印刷的分色处理上。
- Lab 颜色：Lab 模式是 Photoshop 进行颜色模式转换时使用的中间模式。例如，将 RGB 图像转换为 CMYK 模式时，Photoshop 会先将其转换为 Lab 模式，再由 Lab 转换为 CMYK 模式。
- 多通道：一种减色模式，将 RGB 图像转换为该模式后，可以得到青色、洋红和黄色通道。

1.2.4　文件格式

文件格式决定了图像数据的存储方式（作为像素还是矢量）、压缩方法、支持什么样的

Photoshop 功能，以及文件是否与一些应用程序兼容。使用"文件 > 存储"或"文件 > 存储为"命令保存图像时，可以在打开的"存储为"对话框中选择保存格式，如图 1-31 所示。

图1-31

PSD 是 Photoshop 中最重要的文件格式，它可以保留文档的图层、蒙版、通道等所有内容，编辑图像之后，如果尚未完成工作或还有待修改，首选 PSD 格式，以便以后可以随时修改。此外，矢量软件 Illustrator 和排版软件 InDesign 也支持 PSD 文件，这意味着一个透明背景的 PSD 文档置入到这两个程序之后，背景仍然是透明的；JPEG 格式是众多数码相机默认的格式，如果要将照片或者图像文件打印输出，或者通过 E-mail 传送，应采用该格式保存；如果图像用于 Web，可以选择 JPEG 或者 GIF 格式；如果要为那些没有 Photoshop 的人选择一种可以阅读的文件格式，不妨使用 PDF 格式保存文件。借助于免费的 Adobe Reader 软件即可显示图像，还可以向文件中添加注释。

 小技巧：文件保存技巧

保存文件有两个要点。第一是把握好时间。我们可以在图像编辑的初始阶段就保存文件，文件格式可选择PSD格式，编辑过程中，还要适时地按下快捷键（Ctrl+S）将图像的最新效果存储起来，最好不要等到完成所有的编辑以后再存储。

网上有一个Photoshop 宣传视频"I Have PSD"，它通过巧妙的创意，展现了PSD的神奇之处——假如我们的生活是一个大大的PSD，如果房间乱了，可以隐藏图层，让房间变得整洁；面包烤焦了，可以用修饰工具抹掉；衣服不喜欢，可以用调色工具换个颜色……如此这般，那我们的生活会多么美好呀！

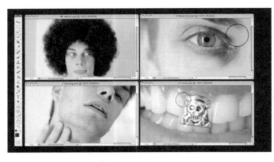

视频网址：http://v.youku.com/v_show/id_XMjE4NDQ0NjQ4.html

1.3　Photoshop CS6新增功能

（1）全新的工作界面

Photoshop CS6 的工作界面典雅而实用，尤其是深色背景选项，可以凸显图像，让用户工作时更加专注于图像，如图 1-32 所示。

（2）全新的裁剪工具

使用全新的裁剪工具可以进行非破坏性裁剪（隐藏被裁掉的区域）。在画布上我们可以精确控制图像，灵活、快速地旋转图像，进行裁剪操作，如图 1-33 所示。

图1-33

（3）全新的内容识别移动

将选中的对象移动或扩展到图像的其他区域时，使用"内容识别移动"功能重组和混合对象，可以产生出色的视觉效果，如图 1-34 所示。

（4）全新的肤色识别选择和蒙版

"色彩范围"命令提供了全新的肤色识别选择和蒙版技术，可以创建精确的选区和蒙版，轻松选择精细的图像元素，如脸孔、头发等，让我们毫不费力地调整或保留肤色，如图 1-35 所示。

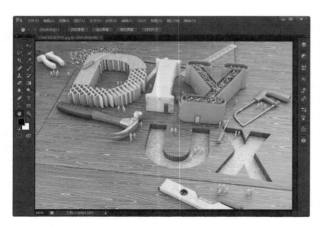

图1-32

图1-34

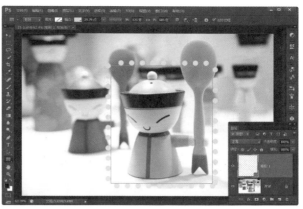

图1-36

图1-35

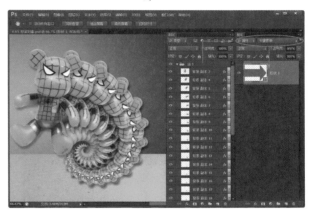

图1-37

（8）神奇的油画滤镜

新增的"油画"滤镜具有超凡的表现力，它能将普通图像瞬间变成一幅油画，如图 1–38 所示。

（9）光圈模糊和焦点模糊

Photoshop 的"模糊"滤镜组中增加了新的成员，可以创建专业级的摄影模糊效果。例如可以均匀地模糊整个图像，然后使用"光圈模糊"锐化单个焦点，如图 1–39 所示；也可以选择多个焦点，然后借助"焦点模糊"滤镜更改焦点间的模糊效果。

（5）创新的侵蚀效果画笔

使用侵蚀效果的画笔笔尖，可以绘制出更加自然逼真的笔触效果，而且还可以任意磨钝和削尖炭笔或蜡笔，以创建不同的效果。

（6）改进的矢量图层

矢量图层经过改进以后可以应用描边并为矢量对象添加渐变效果，还可以自定义描边图案，甚至能够创建像矢量程序一样的虚线描边，如图 1–36 所示。

（7）简便的图层搜索

Photoshop CS6 的"图层"面板中新增了图层搜索功能，可以帮助我们快速锁定所需的图层，如图 1–37 所示。此外还可以一次调整多个图层的不透明度和填充不透明度。

图1-38

图1-39

（10）轻松创建 3D 图形

在经过大幅简化的 3D 界面中，可以轻松创建
3D 模型，控制框架以产生 3D 凸出效果、更改场景
和对象方向以及编辑光线，如图 1-40 所示，还可
以将 3D 对象自动对齐至图像中的消失点上。新增
的 3D 素描和卡通预设，只需单击一下，便能让 3D
对象呈现素描与卡通的外观，如图 1-41、图 1-42
所示。

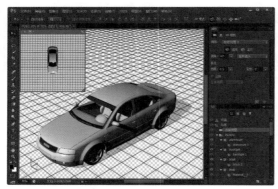

图1-40

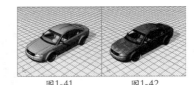

图1-41   图1-42

（11）贴心的后台存储与自动恢复

Photoshop CS6 新增的自动恢复选项可以避免
由于出现意外情况而丢失文件的功能。这一功能可
在暂存盘中创建一个名称为"PSAutoRecover"的
文件夹，将正在编辑的图像备份到该文件夹中，并
且每隔 10 分钟便会存储当前的工作内容。当文件
正常关闭时，会自动删除备份文件；如果文件非正
常关闭，则重新运行 Photoshop 时会自动打开并恢
复该文件。自动恢复选项在后台工作，存储文件时
不会影响我们的正常工作。

> **小知识：** Photoshop CS6版本的区别
>
> Photoshop CS6有两个版本：Photoshop
> CS6 Extended（扩展版）和Photoshop CS6（标
> 准版）。扩展版除了包含标准版的所有功能外，还
> 添加了用于处理3D、动画和高级图像分析等突破
> 性工具。视频专业人士、跨媒体设计人员、Web
> 设计人员、交互式设计人员适合使用Photoshop
> CS6Extended；摄影师、印刷设计人员适合使用
> Photoshop CS6。需要特别说明的是，Windows
> XP系统不支持 Photoshop CS6 Extended版的3D
> 功能和某些 GPU 启动功能。

1.4   Photoshop CS6工作界面

1.4.1　文档窗口

Photoshop CS6 的工作界面中包含菜单栏、文
档窗口、工具箱、工具选项栏以及面板等组件，如
图 1-43 所示。

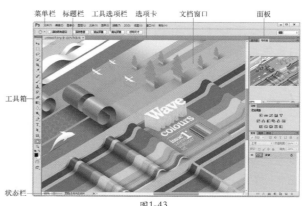

图1-43

文档窗口是编辑图像的区域。在 Photoshop 中打开一个图像时，便会创建一个文档窗口。如果打开了多个图像，则它们会停放到选项卡中，单击一个文档的名称，即可将其设置为当前操作的窗口，如图 1-44 所示。按下 Ctrl+Tab 键可按照顺序切换各个窗口。

如果觉得图像固定在选项卡中不方便操作，可以将光标放在一个窗口的标题栏上，单击并将它从选项卡中拖出，它就会成为可以任意移动位置的浮动窗口，如图 1-45 所示。浮动窗口与平时浏览网页时打开的窗口没什么区别，也可以最大化、最小化，或者移动到任何位置，而且还可以将它重新拖回到选项卡中。单击一个窗口右上角的 ✕ 按钮，可以关闭该窗口。如果要关闭所有窗口，可在一个文档的标题栏上单击右键，打开菜单选择"关闭全部"命令。

图1-44

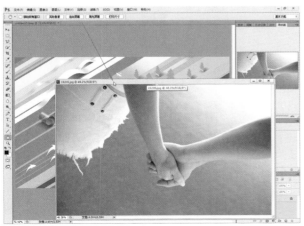

图1-45

小技巧：调整工作界面的亮度

按下Alt+F1快捷键，可以将工作界面的亮度调暗（从深灰到黑色）；按下Alt+F2快捷键，可以将工作界面调亮。

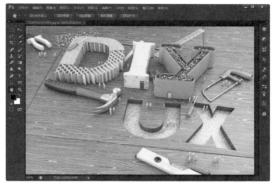

黑色界面

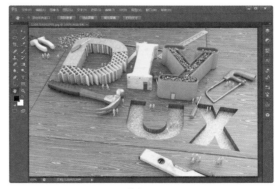

深灰色界面

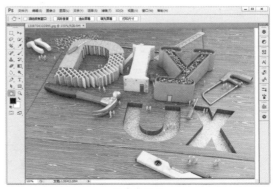

浅灰色界面

小知识：有趣的Photoshop彩蛋

　　程序设计师为了纪念某款软件的诞生，常在软件中隐藏一些小东西，我们称之为复活节彩蛋。Photoshop中也藏有彩蛋。我们只要按住Ctrl键并执行"帮助>关于Photoshop"命令，就能够看到它了。每一个版本的Photoshop都有不同的彩蛋，比较特别的是Photoshop CS3版。将它截图之后，执行"图像>调整>色调均化"命令，会出现Bruce Fraser的肖像（他对数码色彩管理和Photoshop开发做出过重要贡献）。

Photoshop CS6彩蛋

Photoshop CS3彩蛋

彩蛋中隐藏的肖像

1.4.2　工具箱

　　Photoshop CS6 的工具箱中包含了用于创建和编辑图像、图稿、页面元素的工具和按钮，如图 1-46 所示。这些工具分为 7 组，如图 1-47 所示。单击工具箱顶部的双箭头 ▶▶ ，可以将工具箱切换为单排（或双排）显示。单排工具箱可以为文档窗口让出更多的空间。

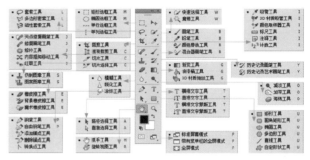

图1-46

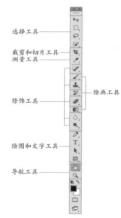

图1-47

　　单击工具箱中的一个工具即可选择该工具，如图 1-48 所示。右下角带有三角形图标的工具表示这是一个工具组，在这样的工具上单击并按住鼠标按键会显示隐藏的工具，如图 1-49 所示，将光标移至隐藏的工具上然后放开鼠标，即可选择该工具，如图 1-50 所示。

图1-48

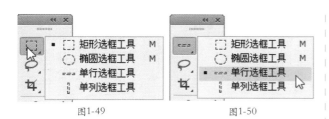

图1-49   图1-50

 提示：

　　将光标放在一个工具上，会显示提示信息，包括该工具的名称和快捷键。我们可以通过按下快捷键来选择工具。按下Shift+工具快捷键，则可在一组隐藏的工具中循环选择各个工具。

1.4.3　工具选项栏

　　选择一个工具以后，可以在工具选项栏中设置它的各种属性。例如图 1-51 所示为选择画笔工具 ✎ 时所显示的选项。

图1-51

　　单击 ⬍ 按钮，可以打开一个下拉菜单，如图 1-52 所示。在文本框中单击，然后输入新数值并按下回车键即可调整数值。如果文本框旁边有▼状按钮，则单击该按钮，可以显示一个弹出滑块，拖动滑块也可以调整数值，如图 1-53 所示。

图1-52   图1-53

1.4.4　菜单栏

　　Photoshop 用 11 个主菜单将各种命令分为 11 类，例如"文件"菜单中包含的是用于设置文件的各种命令，"滤镜"菜单中包含的是各种滤镜。这种安排方式与 Windows 的菜单结构很像，只要单击一个菜单的名称即可打开该菜单。带有黑色三角标记的命令表示还包含下拉菜单，如图 1-54 所示。

　　选择一个命令即可执行该命令。如果命令后面

有快捷键，可以通过按下快捷键的方式来执行命令。例如，按下 Ctrl+A 快捷键可以执行"选择 > 全部"命令，如图 1-55 所示。有些命令只提供了字母，要通过快捷方式执行这样的命令，可按下 Alt 键 + 主菜单的字母，打开主菜单；再按下命令后面的字母，执行该命令。例如，按下 Alt+L+D 键可执行"图层 > 复制图层"命令，如图 1-56 所示。

图1-54

图1-55   图1-56

　　在文档窗口的空白处、在一个对象上或在面板上单击右键，可以显示快捷菜单，如图 1-57、图 1-58 所示。

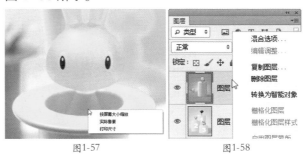

图1-57   图1-58

 提示：

　　如果一个命令显示为灰色，就表示它们在当前状态下不能使用。例如，没有创建选区时，"选择"菜单中的多数命令都不能使用。如果一个命令右侧有"…"状符号，则表示执行该命令时会弹出一个对话框。

1.4.5　面板

　　面板用于配合编辑图像、设置工具参数和选项。Photoshop 提供了 20 多个面板，在"窗口"菜单

中可以选择需要的面板并将其打开。默认情况下，面板以选项卡的形式成组出现，并停靠在窗口右侧，如图 1-59 所示，可以根据需要打开、关闭或是自由组合面板。例如，单击一个面板的名称，即可显示面板中的选项，如图 1-60 所示。单击面板组右上角的三角按钮 ▶▶，可以将面板折叠为图标状，如图 1-61 所示；单击一个图标可以展开相应的面板。

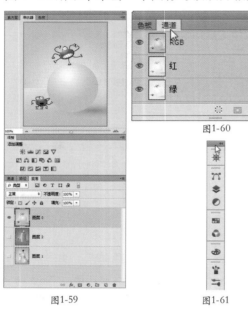

图1-59   图1-60   图1-61

图1-64   图1-65

提示：

按下Tab键，可以隐藏工具箱、工具选项栏和所有面板；按下Shift+Tab键可以隐藏面板，但保留工具箱和工具选项栏。再次按下相应的按键可以重新显示被隐藏的内容。

拖动面板左侧边界可以调整面板组的宽度，让面板的名称文字显示出来。将光标放在面板的标题栏上，单击并向上或向下拖拽，则可重新排列面板的组合顺序，如图 1-62 所示。如果向文档窗口中拖拽，可以将其从面板组中分离出来，使之成为可以放在任意位置的浮动面板，如图 1-63 所示。

单击面板右上角的 ▼≡ 按钮，可以打开面板菜单，如图 1-64 所示。菜单中包含了与当前面板有关的各种命令。在一个面板的标题栏上单击右键，可以显示快捷菜单，如图 1-65 所示，选择"关闭"命令，可以关闭该面板。

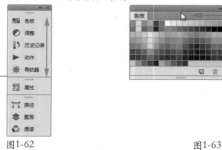

图1-62   图1-63

第02章

构成设计：Photoshop基本操作

2.1 平面构成

2.1.1 平面构成元素

平面构成是视觉元素在二次元的平面上按照美的视觉效果和力学原理进行的编排与组合，它以理性和逻辑推理来创造形象、研究形象与形象之间的排列方法，通过对思维方式的开发，培养一种创造性观念。

点、线、面是平面构成的主要元素。点是最小的形象组成元素，任何物体缩小到一定程度都会变成不同形态的点，当画面中有一个点时，这个点会成为视觉的中心，如图2-1所示；当画面上有大小不同的点时，人们首先注意的是大的点，而后视线会移向小的点，从而产生视觉的流动，如图2-2所示；当多个点同时存在时，会产生连续的视觉效果。

线是点移动的轨迹，线的连续移动形成面。不同的线和面具有不同的情感特征，例如水平线给人以平和、安静的感觉，斜线则代表了动力和惊险；规则的面给人以简洁、秩序的感觉，不规则的面会产生活泼、生动的感觉。

2.1.2 平面构成的基本形式

（1）重复构成

重复构成就是将视觉形象秩序化、整齐化，体现整体的和谐与统一，重复构成包括基本形式重复构成、骨骼重复构成、重复骨骼与重复基本形的关系以及群化构成等，如图2-3所示。

（2）渐变构成

渐变构成是将基本形状有规律地循序变动，产生节奏感和韵律感，形象的大小、疏密、明暗等关系都能够达到渐变的效果，如图2-4所示。

宜家鞋柜广告：节省更多的空间
图2-1

Spoleto酒店：性感美女从天而降
图2-2

多乐士油漆广告
图2-3

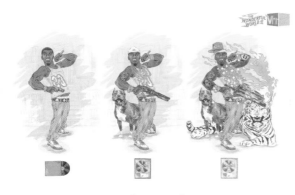

VH1音乐网站广告
图2-4

（3）发射构成

发射构成具有重复和渐变的特征，它可以使所有的图形向中心集中或由中心向四周扩散。发射具有两个显著的特征，一是有很强的焦距，二是有一种深邃的空间感，如图 2-5 所示。

（4）对比构成

对比构成主要是通过形态本身的大小、方向、位置、聚散等方面的对比来产生强烈的视觉效果，如图 2-6 所示。

Jivanjor木材涂饰：茶壶篇
图2-5

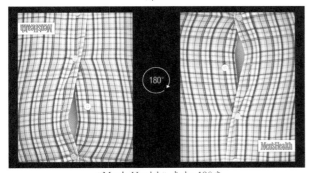

《Men's Health》杂志：180度
图2-6

（5）特异构成

特异构成可以突破规律所造成的单调感，形成鲜明的反差，产生一定的趣味性。在特异构成中，特异部分的数量不应过多，要将其放在比较显著的位置，形成视觉的焦点，如图 2-7、图 2-8 所示。

Smirnoff皇冠伏特加广告
图2-7

Smirnoff皇冠伏特加广告
图2-8

（6）矛盾空间

矛盾空间是创作者刻意违背透视原理，利用平面的局限性以及视觉的错觉，制造出的实际空间中无法存在的空间形式，如图 2-9 ~ 图 2-11 所示。

相对性（作者：埃舍尔）
图2-9

4Motion. Get to the jobs others can't.

Commercial Vehicles

大众汽车广告：到达别人不能到达的地方

图2-10

BETWEEN YOUR HEAD, NOT OVER IT.

Yours to explore.

CONRAD TREASURY

Treasury赌场海报

图2-11

（7）肌理构成

肌理是指物体表面的纹理，它是视觉艺术的重要语言要素之一，肌理可分为视觉肌理和触觉肌理两大类，视觉肌理是对物体表面特征的认识，触觉肌理则是用手触摸到的感觉。

 小知识：矛盾空间构成的主要方法

● 共用面：将两个不同视点的立体形，以一个共用面紧紧的联系在一起。

● 矛盾连接：利用直线、曲线、折线在平面中空间方向的不定性，使形体矛盾连接起来。

● 交错式幻象图：将形体的空间位置进行错位处理，使后面的图形又处于前面，形成彼此的交错性图形。

● 边洛斯三角形：利用人的眼睛在观察形体时，不可能在一瞬间全部接受形体各个部分的刺激，需要有一个过程转移的现象，将形体的各个面逐步转变方向。

共用面　　　矛盾连接　　　交错式幻象图　边洛斯三角形

2.2　色彩构成

2.2.1　色彩的属性

（1）色相

色相是指色彩的相貌。不同波长的光给人的感觉是不同的，将这些感受赋予名称，也就有了红色、黄色、蓝色……光谱中的红、橙、黄、绿、蓝、紫为基本色相。色彩学家将它们以环行排列，再加上光谱中没有的红紫色，形成一个封闭的圆环，就构成了色相环，如图2-12所示为10色色相环。

（2）明度

明度是指色彩的明暗程度，也可以称作是色彩的亮度或深浅。无彩色中明度最高的是白色，明度最低的是黑色。有彩色中，黄色明度最高，它处于光谱中心，紫色明度最低，处于光谱边缘。有彩色加入白色时，会提高明度，加入黑色则降低明度。即便是一个色相，也有自己的明度变化，如深绿、中绿、浅绿。如图2-13所示为有彩色的明度色阶。

（3）彩度

彩度是指色彩的鲜艳程度，也称饱和度。我们的眼睛能够辨认的有色相的色彩都具有一定的鲜艳度。如绿色，当它混入白色时，它的鲜艳程度就会降低，但明度提高了，成为淡绿色；当它混入黑色时，鲜艳度降低了，明度也变暗了，成为暗绿色；当混入与绿色明度相似的中性灰色时，它的明度没有改变，但鲜艳度降低了，成为灰绿色，如图2-14所示为有彩色的彩度色阶。

图2-12

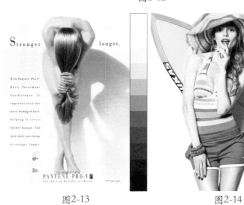

图2-13　　　　　　　　图2-14

小知识：色彩的分类

现代色彩学按照全面、系统的观点，将色彩分为有彩色和无彩色两大类。有彩色是指红、橙、黄、绿、蓝、紫这六个最基本的色相，以及由它们混合所得到的所有色彩。无彩色是指黑色、白色和各种纯度的灰色。无彩色只有明度变化，但在色彩学中，无彩色也是一种色彩。

2.2.2　色彩的易见度

在进行色彩组合时常会出现这种情况，白底上的黄字（或图形）没有黑字（或图形）清晰。这是由于在白底上，黄色的易见度弱而黑色强。例如，观察如图2-15～图2-17所示的几张海报可以发现，在灰色背景上，黄色易见度高，橙色易见度适中，紫色易见度低。

Ziploc 密封袋：给您的食物更多保护

图2-15

《Aufait 每日新闻》：来料不加工

图2-16

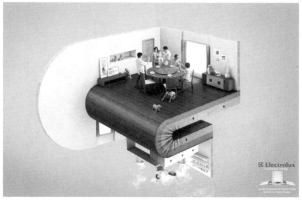

伊莱克斯吸油烟机广告

图2-17

色彩的易见度是色彩感觉的强弱程度，它是色相、明度和彩度对比的总反应，属于人的生理反应。在色彩的易见度方面，日本的左藤亘宏做出过如下归纳：

● 黑色底的易见度强弱次序	白→黄→黄橙→黄绿→橙
● 白色底的易见度强弱次序	黑→红→紫→紫红→蓝
● 蓝色底的易见度强弱次序	白→黄→黄橙→橙
● 黄色底的易见度强弱次序	黑→红→蓝→蓝紫→绿
● 绿色底的易见度强弱次序	白→黄→红→黑→黄橙
● 紫色底的易见度强弱次序	白→黄→黄绿→橙→黄橙
● 灰色底的易见度强弱次序	黄→黄绿→橙→紫→蓝紫

2.2.3　对比型色彩搭配

色彩对比是指两种或多种颜色并置时，因其性质等的不同而呈现出的一种色彩差别。它包括明度对比、纯度对比、色相对比、面积对比等方式。

（1）明度对比

因色彩三要素中的明度差异而呈现出的色彩对比效果为明度对比，如图 2-18 所示。明度对比强的颜色其反差就大，色阶十分明显；明暗对比弱的颜色其反差小，色阶也不显著。因此，将一块颜色置于不同深浅的底色上，所产生的对比效果也是不一样的。

（2）纯度对比

因色彩三要素中的纯度（饱和度）差异而呈现出的色彩对比效果为纯度对比，如图 2-19 所示。高纯度的色彩对比给人以鲜艳夺目、华丽的视觉感受；中等纯度的色彩对比显得稳重大方、含蓄明快，给人以成熟、信任之感；低纯度的色彩对比给人以沉稳、干练之感，是男性化的配色方法。

（3）色相对比

因色彩三要素中的色相差异而呈现出的色彩对比效果为色相对比。色相对比的强弱取决于色相在色相环上的位置。以 24 色或 12 色色相环做对比参照，任取一色作为基色，则色相对比可以分为同类色对比、邻近色对比、对比色对比、互补色对比等。如图 2-20 所示为 12 色色相环，如图 2-21 所示为色相环对比基调示意图，如图 2-22 ~ 图 2-25 所示为各种色相对比效果。

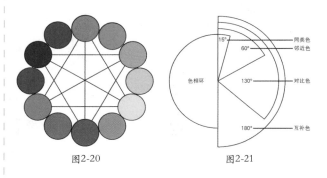

图2-20　　　　　　　　图2-21

咖啡店海报-白加黑
图2-18

Vog Socks丝袜: 丝袜蜘蛛精, 彩丝
图2-19

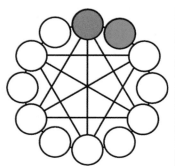

同类色对比
图2-22

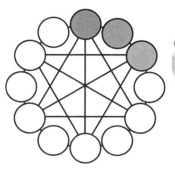

邻近色对比
图2-23

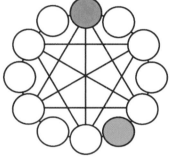

对比色对比
图2-24

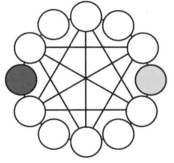

互补色对比
图2-25

（4）面积对比

　　面积对比是指色域之间大小或多少的对比现象。色彩面积的大小对色彩对比关系的影响非常大。如果画面中两块或更多的颜色在面积上保持近似大小，会让人感觉呆板，缺少变化。色彩面积改变以后，就会给人的心理遐想和审美观感带来截然不同的感受。

2.2.4　调和型色彩搭配

　　色彩调和是指两种或多种颜色有序而协调地组合在一起，使人产生愉悦、舒适感觉的色彩搭配关系。色彩调和的常见方法是选定一组邻近色或同类色，通过调整纯度和明度来协调色彩效果，保持画面的秩序感、条理性。

（1）面积调和

　　调整色彩的面积，使画面中某些色彩占有优势面积，另一些色彩处于劣势面积，让画面主次分明，如图2-26所示。

（2）明度调和

　　如果色彩的明度对比过于强烈，可适当削弱彼此间的明度差，减弱色彩冲突，增加调和感，如图2-27所示。

（3）色相调和

　　在色相环中，对比色、互补色的色相对比强烈，多使用邻近色和同类色可以获得调和效果，如图2-28所示。

AT&T广告
图2-26

维尔纽斯国际电影节海报
图2-27

澳柯玛电风扇海报
图2-28

（4）纯度调和

在色相对比强烈的情况下，为了达成统一的视觉效果，可以在色彩中互相加入彼此的色素，以降低色彩的纯度，达到协调的目的，如图 2-29 所示。

（5）间隔调和

当配色中相邻的色彩过于强烈时，可以采用另一种色来进行间隔，以降低对比度，产生缓冲效果，如图 2-30 所示。

柏林爱乐乐团海报
图2-29

Meltin'Pot牛仔裤广告
图2-30

小知识：世界上第一所设计学院

1919年，德国魏玛成立了世界上第一所设计学院—包豪斯，其创始人是德国著名的建筑设计师、设计理论家沃尔特·格罗皮乌斯。包豪斯倡导了艺术与科学技术结合的新精神，创立了工业时代艺术设计教育的基本原则和方法，对现代设计的发展具有重要的启示作用，并产生了深远的影响。

2.3 文档的基本操作

2.3.1 新建文件

执行"文件 > 新建"命令或按下 Ctrl+N 快捷键，打开"新建"对话框，如图 2-31 所示，设置文件的名称、大小、分辨率、图像的背景内容和颜色模式，然后单击"确定"按钮，即可创建一个空白文件。

2.3.2 打开文件

如果要打开一个现有的文件（如本书光盘中的素材），然后对其进行编辑，可执行"文件 > 打开"命令或按下 Ctrl+O 快捷键，弹出"打开"对话框，选择一个文件（按住 Ctrl 键单击可选择多个文件），如图 2-32 所示，单击"打开"按钮即可将其打开。

可使用预设的尺寸创建文件

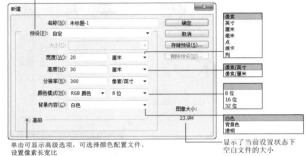

单击可显示高级选项，可选择颜色配置文件、设置像素长宽比

显示了当前设置状态下空白文件的大小

图2-31

图2-32

小技巧：通过快捷方式打开文件

在没有运行Photoshop的情况下，只要将一个图像文件拖动到桌面的Photoshop应用程序图标 **Ps** 上，即可运行Photoshop并打开该文件；如果运行了Photoshop，则在Windows资源管理器中找到图像文件后，将它拖动到Photoshop窗口中，便可将其打开。

2.3.3 保存文件

图像的编辑是一项颇费时间的工作，为了不因断电或死机等造成劳动成果付之东流，就需要养成及时保存文件的习惯。

如果是一个新建的文档，可执行"文件 > 存储"命令，在弹出的"存储为"对话框中为文件输入名称，如图 2-33 所示，选择保存位置和文件格式，如图 2-34 所示，然后单击"保存"按钮进行保存。如果打开的是一个现有的文件，则编辑过程中可以随时执行"文件 > 存储"命令（快捷键为 Ctrl+S），保存当前所作的修改，文件会以原有的格式进行存储。

图2-33

图2-34

提示：

如果要将当前文件保存为另外的名称和其他格式，或者存储在其他位置，可以执行"文件>存储为"命令将文件另存。

2.3.4　查看图像

（1）缩放工具

打开一个文件，如图 2-35 所示。选择缩放工具，将光标放在画面中（光标会变为状），单击可以放大窗口的显示比例，如图 2-36 所示。按住 Alt 键（光标会变为状）单击可缩小窗口的显示比例，如图 2-37 所示。

图2-35

图2-36　　　　　　图2-37

提示：

在工具选项栏中选择"细微缩放"选项，然后单击并向右侧拖动鼠标，能够以平滑的方式快速放大窗口；向左侧拖动鼠标，则会快速缩小窗口的显示比例。

（2）抓手工具

选择抓手工具，按住 Ctrl 键单击并向右侧拖动鼠标可以放大窗口显示比例，向左侧拖动则可缩小窗口的显示比例。此外，按住 H 键，然后单击鼠标，窗口中就会显示全部图像并出现一个矩形框，将矩形框定位在需要查看的区域，如图 2-38 所示，然后放开鼠标按键和 H 键，可以快速放大并转到这一图像区域，如图 2-39 所示。放大窗口后，放开快捷键恢复为抓手工具，单击并拖动鼠标即可移动画面，如图 2-40 所示。

图2-38   图2-39   图2-40

（3）导航器面板

放大窗口的显示比例后，就只能看到图像的细节，可以打开"导航器"面板，该面板中提供了完整的图像缩览图，如图 2-41 所示。将光标放在缩览图上，单击并拖动鼠标即可移动画面，红色矩形框内的图像会出现在文档窗口的中心，如图 2-42 所示。

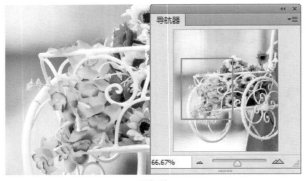

图2-41

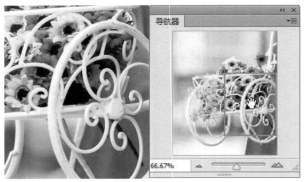

图2-42

小技巧：通过更多的方法查看图像

在进行文档导航时，最为简单和实用的方法是通过快捷键来操作。例如，按住Ctrl键，再连续按下+键，将窗口放大到需要的比例，再按住

空格键（可切换为抓手工具 🖐）拖动鼠标移动画面；需要缩小窗口的显示比例时，可按住Ctrl键，再连续按下−键。此外，如果想要让图像完整地显示在窗口中，可以双击抓手工具 🖐（快捷键为Ctrl+1）；如果想要观察图像的细节，则双击缩放工具 🔍（快捷键为Ctrl+0），图像就会以100%的实际比例显示。

2.3.5　从错误中恢复

（1）撤销操作

编辑图像的过程中，如果操作出现了失误或对创建的效果不满意，需要返回到上一步编辑状态，可执行"编辑 > 还原"命令，或按下 Ctrl+Z 快捷键，连续按下 Alt+Ctrl+Z 快捷键，可依次向前还原。如果要恢复被撤销的操作，可执行"编辑 > 前进一步"命令，或者连续按下 Shift+Ctrl+Z 快捷键。

（2）用历史记录面板撤销操作

编辑图像时，每进行一步操作，Photoshop 都会将其记录到"历史记录"面板中，如图 2-43 所示，单击面板中的某一个步骤操作名称，即可将图像还原到该步骤记录的状态中，如图 2-44 所示。此外，面板顶部有一个图像缩览图，那是打开图像时 Photoshop 为它创建的快照，单击它可撤销所有操作，图像会恢复到打开时的状态。

图2-43

图2-44

提示：

默认情况下，"历史记录"面板只能记录20步操作。如果要增加记录数量，可执行"编辑>首选项>性能"命令，打开"首选项"对话框，在"历史记录状态"选项中设定。但需要注意的是，历史记录数量越多，占用的内存就越多。

2.4 颜色的设置方法

2.4.1 前景色与背景色

工具箱底部包含了一组前景色和背景色设置选项，如图2-45所示。前景色决定了使用绘画工具（画笔和铅笔）绘制线条，以及使用文字工具创建文字时的颜色，背景色则决定了使用橡皮擦工具擦除背景时呈现的颜色，此外，在增加画布的大小时，新增的画布也是以背景色来填充的。

单击 ⤢ 图标（或按下 X 键）可以切换前景色和背景色，如图 2-46 所示。单击 ⤸ 图标（或按下 D 键），可将前景色和背景色恢复为默认颜色（前景色为黑色，背景色为白色）。

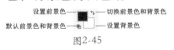

图2-45　　　　　　图2-46

2.4.2 拾色器

需要调整前景色时，就单击前景色图标，如图 2-47 所示；要调整背景色，则单击背景色图标，如图 2-48 所示。单击这两个图标以后，都会弹出"拾色器"，如图 2-49 所示，这时就可以设定颜色了。

图2-47　　　　　　图2-48

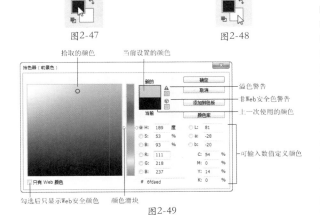

图2-49

在竖直的渐变颜色条上单击选择一个颜色范围，然后在色域中单击可调整颜色的深浅（单击后可以拖动鼠标），如图 2-50 所示。如果要调整颜色的饱和度，可勾选"S"单选钮，然后再进行调整，如图2-51所示；如果要调整颜色的亮度，可勾选"B"单选钮，然后进行调整，如图 2-52 所示。

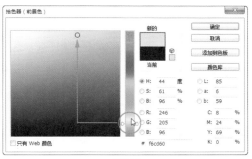

图2-50

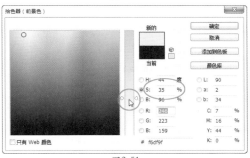

图2-51

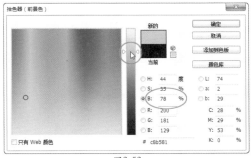

图2-52

提示：

当图像为RGB颜色模式时，如果"拾色器"或"颜色"面板中出现溢色警告图标⚠，就表示当前的颜色超出了CMYK颜色范围，不能被准确打印，单击警告图标下面的颜色块可将颜色替换为Photoshop给出的校正颜色（CMYK色域范围内的颜色）。如果出现了非Web安全色警告图标⬢，则表示当前颜色超出了Web颜色范围，不能在网上正确显示，单击它下面的颜色块可将其替换为Photoshop给出的最为接近的Web安全颜色。

2.4.3　颜色面板

在"颜色"面板中，可以利用几种不同的颜色模式来编辑前景色和背景色，如图 2-53 所示。默认情况下，前景色处于当前编辑状态，此时拖动滑块或者输入颜色值即可调整前景色，如图 2-54 所示；如果要调整背景色，可以单击背景色颜色框，将它设置为当前状态，然后再进行操作，如图 2-55 所示。也可以从面板底部的四色曲线图色谱中拾取前景色或背景色。

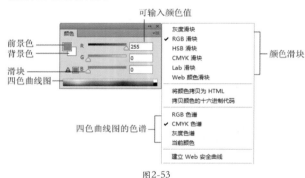

图2-53

图2-54

图2-55

2.4.4　色板面板

"色板"面板中提供了预先设置好的颜色样本，单击其中的颜色即可将其设置为前景色，按住 Ctrl 键单击，则可将其设置为背景色。执行面板菜单中的命令还可以打开不同的色板库，如图 2-56 所示。

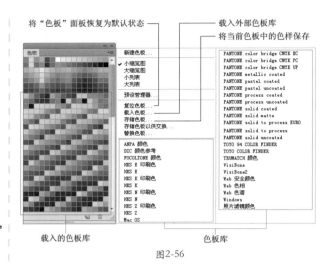

将"色板"面板恢复为默认状态　　载入外部色板库
将当前色板中的色样保存

载入的色板库　　色板库

图2-56

提示：

在"拾色器"或"颜色"面板中调整前景色后，单击"色板"面板中的创建新色板按钮，可以将颜色保存到"色板"中；将"色板"中的某一色样拖至删除按钮上，则可将其删除。

2.4.5　渐变颜色

（1）渐变的类型

渐变是不同颜色之间逐渐混合的一种特殊的填充效果，可用于填充图像、蒙版、通道等。Photoshop 提供了五种类型的渐变，包括线性渐变、径向渐变、角度渐变、对称渐变和菱形渐变，如图 2-57 所示。

线性渐变　　　　　　　　径向渐变

角度渐变　　　对称渐变　　　菱形渐变

图2-57

（2）使用预设的渐变颜色

要创建渐变，可以选择渐变工具 ，在工具选项栏中选择一种渐变类型，然后在渐变下拉面板中选择一个预设的渐变样本，在画面中单击并拖动鼠标即可填充渐变，如图 2-58 所示。

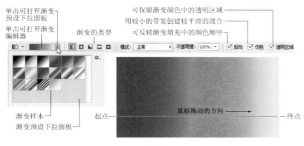

图2-58

（3）自定义渐变颜色

如果要自定义渐变颜色，可以单击渐变颜色条，打开"渐变编辑器"进行调整，如图 2-59 所示。

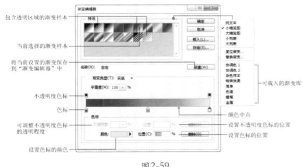

图2-59

单击一个色标即可将它选择，然后单击"颜色"选项中的颜色块可以打开"拾色器"调整颜色，如图 2-60 所示；单击并拖动色标可将其移动，如图 2-61 所示；在渐变条下方单击可以添加色标，如图 2-62 所示；将一个色标拖动到渐变颜色条外，可删除该色标。

图2-60

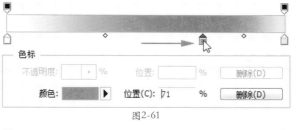

图2-61

图2-62

选择渐变条上方的不透明度色标后，可在"不透明度"选项中设置它的透明度，渐变色条中的棋盘格代表了透明区域，如图 2-63 所示；如果在"渐变类型"下拉列表中选择"杂色"选项，然后增加"粗糙度"值，则可生成杂色渐变，如图 2-64 所示。

图2-63

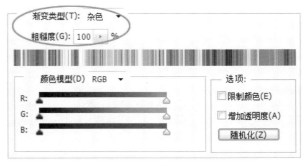

图2-64

提示：

每两个色标中间都有一个菱形滑块，拖动它可以控制该点两侧颜色的混合位置。

2.5 图像的变换与变形操作

2.5.1 移动图像

（1）移动与复制图像

在"图层"面板中单击要移动对象所在的图层，如图 2-65 所示，使用移动工具 ▸⊕ 在画面中单击并拖动鼠标即可移动该图层中的图像，如图 2-66 所示。按住 Alt 键拖动可以复制图像，如图 2-67 所示。

图2-65

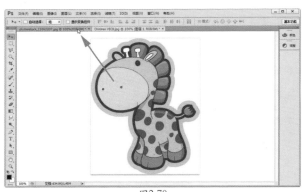

图2-70

图2-66 图2-67

如果创建了选区，如图 2-68 所示，则将光标放在选区内，单击并拖动鼠标可以移动选中的图像，如图 2-69 所示。

图2-71

图2-68 图2-69

（2）在文档间移动图像

打开两个或多个文档，选择移动工具 ▸⊕，将光标放在画面中，单击并拖动鼠标至另一个文档的标题栏，如图 2-70 所示，停留片刻切换到该文档，如图 2-71 所示，移动到画面中放开鼠标可将图像拖入该文档，如图 2-72 所示。

图2-72

2.5.2 定界框、中心点和控制点

在 Photoshop 中对图像进行变换或变形操作时，对象周围会出现一个定界框，定界框中央有一个中心点，四周有控制点，如图 2-73 所示。默认情况下，中心点位于对象的中心，它用于定义对象的变换中心，拖动可以移动其位置。拖动控制点则可以进行变换操作，如图 2-74、图 2-75 所示为中心点在不同位置时图像的旋转效果。

图2-73　　　　　　　图2-74　　　　　　　图2-75

2.5.3　变换与变形

　　选择移动工具 ✛ 后，按下 Ctrl+T 快捷键（相当于执行"编辑 > 自由变换"命令），当前对象上会显示用于变换的定界框，拖动定界框和定界框上的控制点可以对图像进行变换操作，操作完成后，可按下回车键确认，如果对变换的结果不满意，则按下 Esc 键取消操作。

　　● 缩放与旋转：将光标放在定界框四周的控制点上，当光标显示为 ↖ 状时单击并拖动鼠标，可以缩放对象，如图 2-76 所示，如果按住 Shift 键操作，可进行等比例缩放；当光标在定界框外显示为 ↻ 状时拖动鼠标，可以旋转对象，如图 2-77 所示。

图2-76　　　　　　　　　　图2-77

　　● 斜切：将光标放在定界框四周的控制点上，按住 Shift+Ctrl 键，光标显示为 ⊳ 状时单击并拖动鼠标，可沿水平方向斜切对象，如图 2-78 所示；当光标显示为 ⊳↕ 状时拖动鼠标，可沿垂直方向斜切对象，如图 2-79 所示。

图2-78　　　　　　　　　　图2-79

　　● 扭曲与透视：将光标放在控制点上，按住 Ctrl 键，光标显示为 ▸ 状时单击并拖动鼠标可以扭曲对象，如图 2-80 所示；按住 Shift+Ctrl+Alt 键操作，可进行透视扭曲，如图 2-81 所示。

图2-80　　　　　　　　　　图2-81

小技巧：通过轻移方法制作立体文字

　　选择移动工具 ✛ 后，按下键盘中的"→←↑↓"方向键，可轻移对象。如果按住Alt键再按下方向键，则可轻移并复制图像，利用这一功能可以快速创建立体对象。

原图像　　轻移并复制对象　修改图像的颜色　创建的立体字

2.5.4　操控变形

　　使用操控变形，可以在图像的关键点上放置图钉，然后通过拖动图钉来对图像进行变形操作。例如，可以轻松地让人的手臂弯曲、身体摆出不同的姿态等。

　　打开一个文件，如图 2-82 所示。执行"编辑 > 操控变形"命令，长颈鹿图像上会显示变形网格，如图 2-83 所示。在长颈鹿身体的关键点单击，添加几个图钉，如图 2-84 所示。在工具选项栏中取消"显示网格"选项的勾选，以便能够更清楚地观察到图像的变化。单击图钉并拖动鼠标即可改变长颈鹿的动作，如图 2-85 所示。单击工具选项栏中的 ✔ 按钮，可结束操作。

图2-82　　　　　　　　　　图2-83

31

图2-84   图2-85

图2-87

2.5.5 内容识别比例缩放

内容识别比例是一个十分神奇的缩放功能，它主要影响没有重要可视内容区域中的像素。例如缩放图像时，画面中的人物、建筑、动物等不会变形。

打开一个文件，如图 2-86 所示。执行"编辑 > 内容识别比例"命令，显示定界框，向左侧拖动控制点，对图像进行缩放，如图 2-87 所示。可以看到，人物变形非常严重，按下工具选项栏中的保护肤色按钮，Photoshop 会自动分析图像，尽量避免包含皮肤颜色的区域变形，如图 2-88 所示。此时画面虽然变窄了，但人物比例和结构没有明显的变化，按下回车键确认操作。如果要取消变形，可按下 Esc 键。

图2-88

提示：

操控变形和内容识别比例缩放不能处理"背景"图层。如果想要处理"背景"图层，可以按住 Alt 键双击"背景"图层，将它转换为普通图层，再进行操作。

图2-86

2.6 填充实例：为黑白图像填色

● 菜鸟级 ● 玩家级 ● 专业级
● 实例类型：技术提高型
● 难易程度：★ ★ ☆
● 实例描述：填充是指在图像或选区内填充颜色或图案。本实例介绍两种不同的填充方法，其中，使用油漆桶工具操作时，可填充与鼠标单击点颜色相近的区域；"填充"命令可以用指定的颜色或图案填充图像或选区。

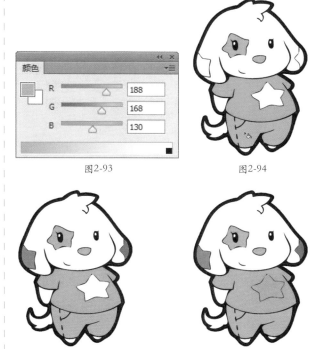

图2-93　　　　　　　　　　　图2-94

图2-95　　　　　　　　　　　图2-96

① 按下 Ctrl+O 快捷键，弹出"打开"对话框，选择光盘中的素材文件将其打开，如图 2-89 所示。选择油漆桶工具 🛢，在工具选项栏中将"填充"设置为"前景"，"容差"设置为 32，如图 2-90 所示。

图2-89

图2-90

② 在"颜色"面板中调整前景色，如图 2-91 所示。在小卡通的眼睛、鼻子和衣服上单击，填充前景色，如图 2-92 所示。

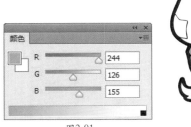

图2-91　　　　　　　　图2-92

③ 调整前景色，如图 2-93 所示，为裤子填色，如图 2-94 所示。采用同样方法，调整前景色，然后为耳朵、衣服上的星星和背景填色，如图 2-95、图 2-96 所示。

④ 单击"背景"图层，如图 2-97 所示，将其选择。执行"编辑 > 填充"命令，打开"填充"对话框，在"使用"下拉列表中选择"图案"，单击"自定图案"选项右侧的三角按钮，打开下拉面板，执行面板菜单中的"图案"命令，载入该图案库，选择如图 2-98 所示的图案，然后单击"确定"按钮，为背景填充图案，如图 2-99 所示。

图2-97

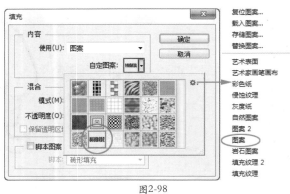

图2-98　　　　　　　　　　　　　　　图2-99

提示：

按下Alt+Delete快捷键可以填充前景色；按下Ctrl+Delete快捷键可以填充背景色。

2.7　高级技巧：填充自定义的图案

Photoshop允许用户将任意图像定义为图案。例如，可以准备一大、一小两幅人像，如图2-100所示；执行"编辑 > 定义图案"命令，将小幅的人像定义为图案，如图2-101所示；再通过"填充"命令在大幅人像中填充该图案，如图2-102、图2-103所示；将图案层的混合模式设置为"强光"，让下面的人像显现出来，即可制作出人像叠加特效，如图2-104所示。

图2-101

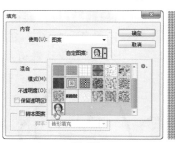

图2-102　　　　　　　　　图2-103

图2-100

图2-104

2.8 渐变实例：石膏几何体

- ●菜鸟级 ●玩家级 ●专业级
- ●实例类型：鼠绘
- ●难易程度：★ ★ ★ ☆
- ●实例描述：综合运用选区工具、渐变工具、
  变换命令，制作出石膏几何体。

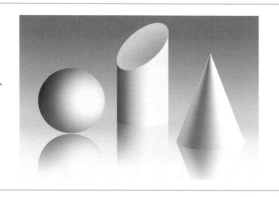

① 按下 Ctrl+N 快捷键，打开"新建"对话框，创建一个 A4 大小的空白文档，如图 2-105 所示。选择渐变工具 ■，单击渐变颜色条，打开"渐变编辑器"，调出深灰到浅灰色渐变。在画面顶部单击，然后按住 Shift 键（可以锁定垂直方向）向下拖动鼠标填充线性渐变，如图 2-106 所示。

图2-105

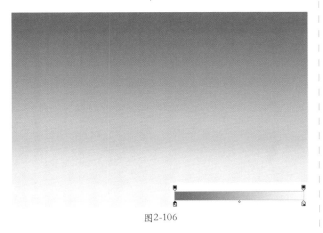

图2-106

② 单击"图层"面板底部的 ■ 按钮，新建一个图层。选择椭圆选框工具 ○，按住 Shift 键创建一个圆形选区，如图 2-107 所示。选择渐变工具 ■，按下径向渐变按钮 ■，在选区内单击并拖动鼠标填充渐变，制作出球体，如图 2-108 所示。

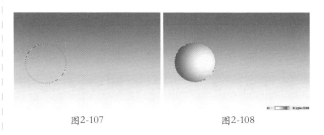

图2-107   图2-108

③ 按下 D 键，恢复为默认的前景色和背景色。按下线性渐变按钮 ■，选择前景到透明渐变，如图 2-109 所示。在选区外部右下方处单击，向选区内拖动鼠标，进入选区内时放开按键，进行填充；将光标放在选区外部的右上角处，向选区内拖动鼠标再填充一个渐变，增强球形的立体感，如图 2-110 所示。

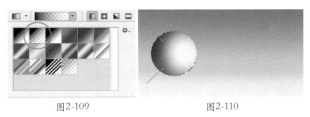

图2-109   图2-110

④ 按下 Ctrl+D 快捷键取消选择。接着制作圆锥，使用矩形选框工具 ▢ 创建选区，如图 2-111 所示。单击"图层"面板底部的 ▢ 按钮，新建一个图层，如图 2-112 所示。

图2-111　　　　　　　　图2-112

⑤ 选择渐变工具 ▭ ，调整渐变颜色，按住 Shift 键在选区内从左至右拖动鼠标填充渐变，如图 2-113 所示。按下 Ctrl+D 快捷键取消选择。执行"编辑 > 变换 > 透视"命令，显示定界框，将右上角的控制点拖动到中央，如图 2-114 所示，然后按下回车键确认。

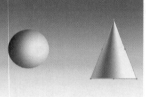

图2-113　　　　　　　　图2-114

⑥ 使用椭圆选框工具 ⬭ 创建选区，如图 2-115 所示；再用矩形选框工具 ▢ 按住 Shift 键创建矩形选区，如图 2-116 所示，放开鼠标后这两个选区会进行相加运算，得到如图 2-117 所示的选区。

图2-115　　　图2-116　　　图2-117

⑦ 按下 Shift+Ctrl+I 快捷键反选，如图 2-118 所示。按下 Delete 键删除多余部分，然后取消选择，完成圆锥的制作，如图 2-119 所示。

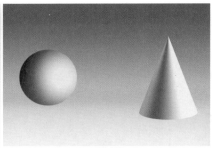

图2-118　　　　　　　　图2-119

⑧ 下面来制作斜面圆柱体。单击"图层"面板底部的按钮 ▢ ，创建一个图层。用矩形选框工具 ▢ 创建选区并填充渐变，如图 2-120 所示。采用与处理圆锥底部相同的方法，对圆柱的底部进行修改，如图 2-121 所示。

图2-120　　　　　　　　图2-121

⑨ 使用椭圆选框工具 ⬭ 创建选区，如图 2-122 所示。执行"选择 > 变换选区"命令，显示定界框，将选区旋转并移动到圆柱上半部，如图 2-123 所示。按下回车键确认后，单击"图层"面板底部的按钮 ▢ ，创建一个图层，调整渐变颜色，如图 2-124 所示。

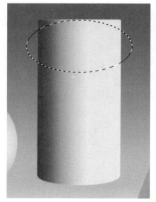

图2-122　　　　　　　　图2-123

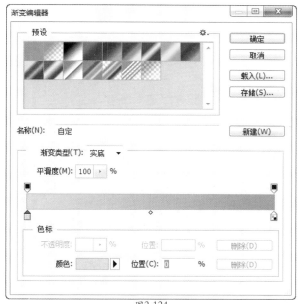

图2-124

⑩先在选区内部填充渐变，如图2-125所示；然后选择前景到透明渐变样式，分别在右上角和左下角填充渐变，如图2-126、图2-127所示。

图2-125

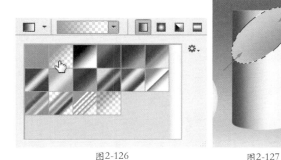

图2-126　　　　　　　图2-127

⑪按下Ctrl+D快捷键取消选择。选择位于下方的圆柱体图层，如图2-128所示。用多边形套索工具 ☝ 将顶部多余的图像选中，如图2-129所示，按下Delete键删除，取消选择，斜面圆柱就制作好了，如图2-130所示。

图2-128

图2-129　　　　　　　图2-130

⑫下面来制作倒影。选择球体所在的图层，如图2-131所示，按下Ctrl+J快捷键复制，如图2-132所示。

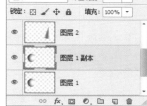

图2-131　　　　　　　　　图2-132

⑬执行"编辑 > 变换 > 垂直翻转"命令，翻转图像，再使用移动工具 ⊕ 拖动到球体下方，如图2-133所示。单击"图层"面板底部的 ◻ 按钮，添加图层蒙版，使用渐变工具 ▦ 填充黑白线性渐变，将画面底部的球体隐藏，如图2-134、图2-135所示。

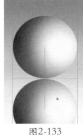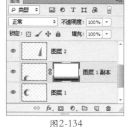

图2-133　　　　　　图2-134　　　　　　图2-135

⑭采用相同的方法，为另外两个几何体添加倒影。需要注意的是，应将投影图层放在几何体层的下方，不要让投影盖住几何体，效果如图2-136所示。

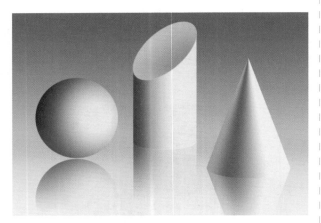

图2-136

▼ 小知识：电脑绘画的诞生历程

1946年2月14日，世界上第一台电脑ENIAC在美国宾夕法尼亚大学诞生。计算机的最初目的是使之成为处理抽象符号的数学工具，直到加上显示器运行之后，人们才能看到计算结果。这种视觉的、而不是书写的结果，导致了电子图像的产生，最终成为一种新的艺术表达形式。

1968年，首届计算机美术作品巡回展览自伦敦开始，遍历欧洲各国，最后在纽约闭幕，从此宣告了计算机美术成为一门富有特色的应用科学和艺术表现形式，开创了设计艺术领域的新天地。现在，无论是素描、水彩、水粉、油画、丙稀、版画、粉笔、国画等，都可以在电脑上轻松地表现出来。以往传统绘画能够表现的，电脑都能够做到。而传统绘画不能做到的，电脑也可以表现出令人叹为观止的效果。

2.9 变换实例：分形艺术

- ●菜鸟级 ●玩家级 ●专业级
- ●实例类型：特效设计
- ●难易程度：★★☆
- ●实例描述：分形艺术（Fractal Art）是纯计

算机艺术，它是数学、计算机与艺术的完美结合，可以展现数学世界的瑰丽景象，被广泛地应用于服装面料、工艺品装饰、外观包装等领域。本实例学习怎样通过变换复制的方法，制作出分形艺术图案。

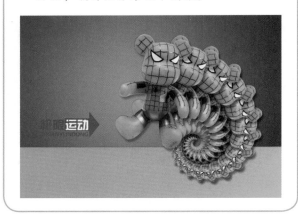

① 按下 Ctrl+O 快捷键，打开光盘中的素材，如图 2-137 所示。单击"图层 1"，将其选择，如图 2-138 所示。

图2-137　　　　　　　图2-138

② 按下 Ctrl+T 快捷键显示定界框，将中心点拖动到定界框外，如图 2-139 所示；在工具选项栏中输入旋转角度（14 度）和缩放比例（94.1%），将图像旋转并等比例缩小，如图 2-140、图 2-141所示。变换参数设置完成后，按下回车键确认。

W: 94.1%　GO H: 94.1%　△ 14　度

图2-139　　　　　　　图2-140

图2-141

图2-144

③ 连续按下 Alt+Shift+Ctrl+T 快捷键大概38次，每按一次便生成一个新的对象，新对象位于单独的图层中，如图 2-142、图 2-143 所示。

图2-145

图2-142   图2-143

④ 按住 Shift 键单击第一个图层，选择所有图层，如图 2-144 所示，执行"图层 > 排列 > 反向"命令，如图 2-145 所示，反转图层堆叠顺序。按下 Ctrl+T 快捷显示定界框，将小蜘蛛人适当旋转并移动到画面中央，按下回车键确认，效果如图 2-146 所示。

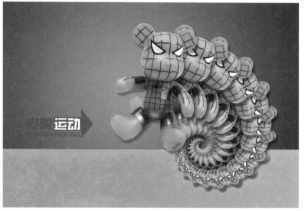

图2-146

2.10 变形实例：超炫光效书页

- ●菜鸟级 ●玩家级 ●专业级
- ●实例类型：特效设计
- ●难易程度：★★★☆
- ●实例描述：运用。

① 按下 Ctrl+N 快捷键，打开"新建"对话框，设置参数如图 2-147 所示，单击"确定"按钮，新建一个文件。

② 选择渐变工具 ，单击工具选项栏中的渐变色条，打开"渐变编辑器"，调整渐变的颜色，如图 2-148 所示。由画面左上角向右下角拖动鼠标，填充线性渐变，如图 2-149 所示。

图2-147

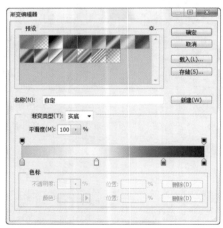

图2-148

图2-149

③ 单击"图层"面板中的 按钮，新建"图层 1"，如图 2-150 所示。使用矩形选框工具 创建一个选区，如图 2-151 所示。

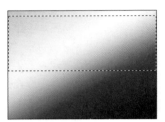

图2-150　　　　　　　　　图2-151

④ 选择渐变工具 ，打开"渐变编辑器"调整渐变颜色，如图 2-152 所示。按下工具选项栏中的对称渐变按钮 ，在矩形选区中间向边缘拖动鼠标，填充对称渐变，按下 Ctrl+D 快捷键取消选择，如图 2-153 所示。

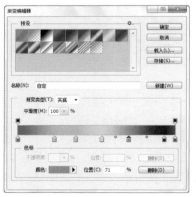

图2-152　　　　　　　　　图2-153

⑤ 按下 Ctrl+J 快捷键复制"图层 1"，生成"图层 1 副本"，单击该图层前面的眼睛图标 ，将图层隐藏，如图 2-154 所示。单击"图层 1"，将其选择，如图 2-155 所示。

图2-154　　　　　　　　　图2-155

⑥ 执行"编辑 > 变换 > 变形"命令，图像上会显示出变形网格。将光标放在网格左上角的控制点上，如图 2-156 所示，向下拖动控制点，图像的形状也会随之改变，如图 2-157 所示。在进行变形操作时，可以按下 Ctrl+- 快捷键缩小视图，以扩展可调整区域。

图2-156　　　　　　　　图2-157

 提示：

　　变形网格适合进行比较随意和自由的变形操作，在变形网格中，网格点、方向线的手柄（网格点两侧的线）和网格区域都可以移动。

⑦ 向下拖动网格右上角的控制点，如图 2-158 所示，然后再将网格右下角的控制点拖到画面右上角的位置，如图 2-159 所示。

图2-158　　　　　　　　图2-159

⑧ 将光标放在方向线的手柄上（光标会变为 ▶ 状），如图 2-160 所示，拖动手柄改变图像形状，如图 2-161 所示。按下回车键确认操作，通过变形可以使原来的水平渐变成为卷曲状的渐变，如图 2-162 所示。

图2-160　　　　　　　　图2-161

图2-162

⑨ 在"图层 1 副本"前面单击，显示该图层（眼睛图标 ◉ 会重新显示出来），如图 2-163 所示。按下 Ctrl+T 快捷键显示定界框，然后旋转图像，如图 2-164 所示。

 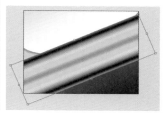

图2-163　　　　　　　　图2-164

⑩ 单击鼠标右键，在打开的快捷菜单中选择"变形"命令，拖动控制点和控制手柄，改变图像的形状，如图 2-165 所示，按下回车键确认操作。使用移动工具 ➹ 调整这两个图形的位置，如图 2-166 所示。

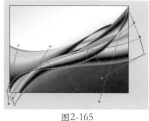 

图2-165　　　　　　　　图2-166

⑪ 按住 Ctrl 键单击"图层 1"，将它和"图层 1 副本"同时选择，如图 2-167 所示，按下 Alt+Ctrl+E 快捷键进行盖印操作，这样可以将"图层 1"及其副本中的图像合并到一个新的图层中，如图 2-168 所示。

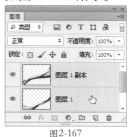 

图2-167　　　　　　　　图2-168

⑫设置该图层的混合模式为"滤色"，不透明度为 80%，如图 2-169 所示。按下 Ctrl+T 快捷键显示定界框，将图像旋转，如图 2-170 所示。按下回车键确认操作。

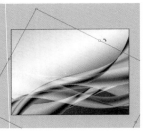

图2-169   图2-170

⑬单击"图层"面板中的 按钮，新建一个图层，将前景色设置为白色。选择渐变工具 ，在工具选项栏中按下菱形渐变按钮 ，选择"前景到透明"渐变，如图 2-171 所示。在画面中创建菱形渐变，由于渐变范围非常小，可以生成一个白色的星形，如图 2-172 所示。再创建多个大小不同的菱形渐变，完成壁纸的制作，如图 2-173 所示。按下 Alt+Shift+Ctrl+E 快捷键盖印图层，将所有图层盖印到一个新的图层中。

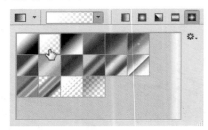

图2-171

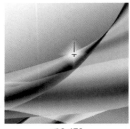

图2-172   图2-173

⑭按下 Ctrl+O 快捷键，打开光盘中的素材文件，如图 2-174 所示。用移动工具 将前面盖印的图层移动到当前文件中。按下 Ctrl+T 快捷键显示定界框，在鼠标右的快捷菜单中选择"水平翻转"命令，

然后再调整图像的角度和宽度，使它能够适合页面的大小，最好稍大于页面，以便于修改，如图 2-175 所示。按下回车键确认操作。

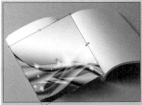

图2-174   图2-175

⑮设置该图层的混合模式为"正片叠底"，如图 2-176 所示，效果如图 2-177 所示。

图2-176   图2-177

⑯使用橡皮擦工具 将超出图书页面的部分擦除，如图 2-178 所示。用同样方法制作右侧的页面，完成后的效果如图 2-179 所示。

图2-178

图2-179

2.11　拓展练习：表现雷达图标的玻璃质感

●菜鸟级　●玩家级　●专业级　　　实例类型：特效类　　　视频位置：光盘 > 视频 >2.11

下面是一个用透明渐变表现雷达图标玻璃质感的拓展练习，如图 2-180 所示。它的制作方法是，打开光盘中的素材文件，用多边形套索工具 ✓ 创建选区，如图 2-181 所示，然后填充前景 – 透明渐变，如图 2-182 所示。

使用椭圆选框工具 ◯ 通过选区运算创建出月牙形选区，如图 2-183 所示，在选区内填充前景 – 透明渐变，如图 2-184 所示。最后，用柔角画笔工具 ✓ 点几个圆点，详细操作方法，请参阅光盘中的视频教学录像。

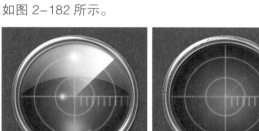
图2-180　　　　　　　　　图2-181

图2-183　　　　　　　　　图2-184

图2-182

第03章
版面设计：图层与选区

3.1 版面的视觉流程

3.1.1 视线流动

人的视野受客观限制，不能同时接受所有事物，必须按照一定的顺序来感知外部世界。视觉接受外界信息时的过程，称为视觉流程。

视觉心理学家通过研究发现，垂直线会引导视线做上下运动；水平线会引导视线做左右运动；斜线比垂直线和水平线有更强的引导力，它能将视线引向斜方；矩形的视线流动是向四方发射的；圆形的视线流动是呈辐射状的；三角形使视线沿顶角向三个方向扩散；各种大小的图形并置时，视线会先关注大图形，之后向小图形流动。如图 3-1 所示为 Komatsu 装载机广告，通过比萨斜塔的引导让观众的视线做斜线运动，进而关注画面底部的装载机。

3.1.2 视觉焦点

视觉焦点也称视觉震撼中心（Center for Visual Impact），它是版面中能够最先、最强烈地吸引观众目光的部分。一般情况下，"大"能成为视觉焦点，因此，大的图片、大的标题，以及大的说明文字放在版面的显著位置，可以迅速吸引观众的注意力。例如图 3-2 所示为佳能监控摄像机海报——现场抓住！对监控摄像机以及正在犯罪的手进行夸张的放大处理，形成视觉焦点。此外，特异的事物也容易引起人们的兴趣和关注，如图 3-3 所示为 Clucky 蛋糕广告，通过创造特异性形成视觉焦点，具有极强的趣味性。

图 3-1

图 3-2

图 3-3

3.1.3 错视现象

在视觉活动中，常常会出现看到的对象与客观事物不一致的现象，这种知觉称为错视。错视一般分为由图像本身构造而导致的几何学错视、由感觉器官引起的生理错视、以及心理原因导致的认知错视。如图 3-4 所示为几何学错视——弗雷泽图形，它是一个产生角度、方向错视的图形，被称作错视之王，漩涡状图形实际是同心圆。如图 3-5 所示为生理错视——赫曼方格，如果单看，这是一个个黑色的方块，而整张图一起看，则会发现方格与方格之间的对角出现了灰色的小点。如图 3-6 所示为认知错视——鸭兔错觉，它既可以看作是一只鸭子的头，也可以看作是一只兔子的头。

弗雷泽图形
图3-4

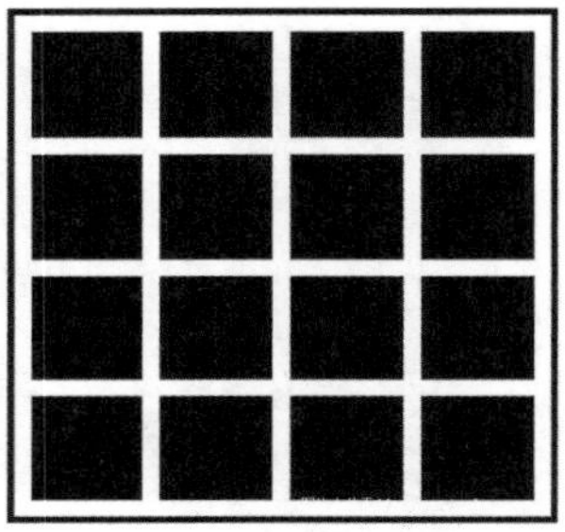

赫曼方格
图3-5

鸭兔错觉
图3-6

路虎S1手机广告
图3-7

Leroy Merlin（乐华梅兰）广告
图3-8

3.2 版面编排的构成模式

（1）标准型

标准型是一种基本的、简单而规则化的版面编排模式，如图3-7所示，图形在版面中上方，并占据大部分位置，其次是标题，然后是说明文字、图形等。观众的视线以自上而下的顺序流动，符合人们认识思维的逻辑顺序，但视觉冲击力较弱。

（2）标题型

标题位于中央或上方，占据版面的醒目位置，往下是图形、说明文字，如图3-8所示。这种编排形式首先让观众对标题引起注意，留下明确的印象，再通过图形获得感性形象认识。

（3）中轴型

中轴型是一种对称的构成形态，如图3-9所示。版面上的中轴线可以是有形的，也可以是隐形的。这种编排方式具有良好的平衡感，只有改变中轴线两侧各要素的大小、深浅、冷暖对比等，才能呈现出动感。

澳柯玛风扇广告
图3-9

（4）斜置型

斜置型是一种强力而具有动感的构图模式，它使人感到轻松、活泼，如图 3-10 所示。倾斜时要注意方向和角度，通常从左侧向右上倾斜能增强易见度，且方便阅读。此外，倾斜角度一般保持30°左右为宜。

（5）放射型

将图形元素纳入到放射状结构中，使其向版面四周或某一明确方向作放射状发散，有利于统一视觉中心，可以产生强烈的动感和视觉冲击力，如图3-11 所示。放射型具有特殊的形式感，但极不稳定，因此，在版面上安排其他构成要素时，应作平衡处理。

（6）圆图型

在几何图形中，圆形是自然的、完整的、具有生命象征意义，在视觉上给人以庄重、完美的感受，并且具有向四周放射的动势。圆图型构成要素的排列顺序与标准型大致相同，这种模式以正圆形或半圆形图片构成版面的视觉中心，如图 3-12 所示。

（7）重复型

在版面编排时，将相同或相似的视觉要素多次重复排列，重复的内容可以是图形，也可以是文字，但通常在基本形和色彩方面会有一些变化，如图 3-13 所示。重复构图有利于着重说明某些问题，或是反复强调一个重点，很容易引起人们的兴趣。

（8）指示型

利用画面中的方向线、人物的视线、手指的方向、人物或物体的运动方向、指针、箭头等，指示出画面的主题，如图 3-14 所示。这种构图具有明显的指向性，简便而直接，是最有效的引导观众视线流动的方法。

（9）散点型

将构成要素在版面上作不规则的分散处理，看起来很随意，但其中包含着设计者的精心构置，如图 3-15 所示。这种构图版面的注意焦点分散，总体上却有一定的统一因素，如统一的色彩主调或图形具有相似性，在变化中寻求统一，在统一中又具有变化。

Silk Soymilk饮料广告
图3-10

Euro Shopper 能量饮品广告
图3-11

大众 Golf GTI 广告
图3-12

Stilgraf印刷：绝不跑偏
图3-13

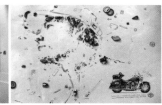

Totalgaz厨房设备安装广告
图3-14

哈雷摩托广告
图3-15

（10）切入型

这是一种不规则的、富于创造性的构成方式，在编排时刻意将不同角度的图形从版面的上、下、左、右方向切入到版面中，而图形又不完全进入版面，如图3-16所示。这种编排方式可以突破版面的限制，在视觉心理上扩大版面空间，给人以空畅之感。

（11）交叉型

将版面上的两个构成要素重叠之后进行交叉状处理，交叉的形式可以成十字水平状，也可以根据图形的动态做一定的倾斜，如图3-17所示。

（12）网格型

将版面划分为若干网格形态，用网格来限定图、文信息位置，版面充实、规范、理性，如图3-18所示。这种划分方式综合了横、纵型分割的优点，使画面更富于变化，且保持条理性。

Indian Oil Xtramile 广告

图3-16

七喜广告

图3-17

体操识字卡广告

图3-18

3.3 图层

3.3.1 图层的原理

图层是 Photoshop 最为核心的功能之一，它们就如同堆叠在一起的透明纸，每一张纸（图层）上都保存着不同的图像，可以透过上面图层的透明区域看到下面层中的图像，如图3-19所示。

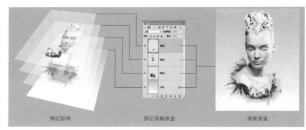

图层原理　　　　　图层面板状态　　　　　图像效果

图3-19

如果没有图层，所有的图像将位于同一平面上，想要处理任何一部分图像内容，都必须先将它选择出来，否则，操作将影响整个图像。有了图层，就可以将图像的不同部分放在不同的图层上，这样的话，就可以单独修改一个图层上的图像，而不会破坏其他图层上的内容，如图3-20所示。

单击"图层"面板中的一个图层即可选择该图层，如图3-21所示，所选图层称为"当前图层"。一般情况下，我们所进行的编辑（如颜色调整、滤镜等）只对当前选择的图层有效，但是移动、旋转等变换操作可以同时应用于多个图层。要选择多个图层，可以按住 Ctrl 键分别单击它们，如图3-22所示。

图3-20

图3-21

图3-22

3.3.2　图层面板

"图层"面板用于创建、编辑和管理图层，以及为图层添加样式。面板中列出了文档中包含的所有的图层、图层组和图层效果，如图 3-23 所示。

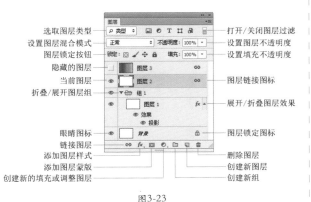

图3-23

小技巧：调整图层缩览图的大小

在"图层"面板中，图层名称左侧的图像是该图层的缩览图，它显示了图层中包含的图像内容，

缩览图中的棋盘格代表了图像的透明区域。在图层缩览图上单击右键，可在打开的快捷菜单中调整缩览图的大小。

3.3.3　新建与复制图层

单击"图层"面板中的 按钮，可在当前图层上面新建一个图层，新建的图层会自动成为当前图层，如图 3-24、图 3-25 所示。如果要在当前图层的下面新建图层，可以按住 Ctrl 键单击 按钮。但"背景"图层下面不能创建图层。

将一个图层拖动到 按钮上，即可复制该图层，如图 3-26 所示。按下 Ctrl+J 快捷键则可复制当前图层。

图3-24

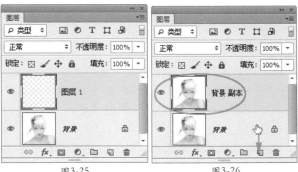

图3-25　　　　　　　　图3-26

3.3.4 调整图层堆叠顺序

在"图层"面板中，图层是按照创建的先后顺序堆叠排列的。将一个图层拖动到另外一个图层的上面或下面，即可调整图层的堆叠顺序。改变图层顺序会影响图像的显示效果，如图 3-27、图 3-28 所示。

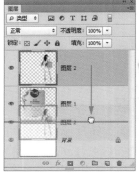

图3-27

图3-28

3.3.5 图层的命名与管理

在图层数量较多的文档中，可以为一些重要的图层设置容易识别的名称或可以区别于其他图层的颜色，以便在操作中能够快速找到它们。

- 修改图层的名称：双击该图层的名称，如图 3-29 所示，然后在显示的文本框中输入新名称。
- 修改图层的颜色：选择一个图层，单击鼠标右键，在打开的快捷菜单中可以选择颜色，如图 3-30 所示。
- 编组：如果要将多个图层创建在一个图层组内，可以选择这些图层，如图 3-31 所示，然后执行"图层 > 图层编组"命令或按下 Ctrl+G 快捷键，如图 3-32 所示。创建图层组后，可以将图层拖入组中或拖出组外。图层组类似于文件夹，单击 按钮可关闭（或展开）组。

图3-29　　　　　　　　　图3-30

图3-31　　　　　　　　　图3-32

3.3.6 显示与隐藏图层

单击一个图层前面的眼睛图标 ，可以隐藏该图层，如图 3-33 所示。如果要重新显示图层，在原眼睛图标 处单击，如图 3-34 所示。

图3-33

图3-34

小技巧：快速隐藏多个图层

将光标放在一个图层的眼睛图标👁上，单击并在眼睛图标列拖动鼠标，可以快速隐藏（或显示）多个相邻的图层。按住Alt键单击一个图层的眼睛图标👁，则可将除该图层外的所有图层都隐藏；按住Alt键再次单击同一眼睛图标👁，可以恢复其他图层的可见性。

3.3.7　合并与删除图层

图层、图层组和图层样式等都会占用计算机的内存，导致计算机的运行速度变慢。将相同属性的图层合并，或者将没有用处的图层删除可以减小文件的大小。

● 合并图层：如果要将两个或多个图层合并，可以选择它们，然后执行"图层 > 合并图层"命令，或按下 Ctrl+E 快捷键，如图 3-35、图 3-36 所示。

图3-35

图3-36

● 合并所有可见的图层：执行"图层 > 合并可见图层"命令，或按下 Shift+Ctrl+E 快捷键，所有可见图层都会合并到"背景"图层中。

● 删除图层：将一个图层拖动到"图层"面板底部的🗑按钮上，即可删除该图层。此外，选择一个或多个图层后，按下 Delete 键也可将其删除。

3.3.8　锁定图层

"图层"面板中提供了用于保护图层透明区域、图像像素和位置等属性的锁定功能，如图 3-37 所示。我们可以根据需要完全锁定或部分锁定图层，以免因编辑操作失误而对图层的内容造成修改。

图3-37

● 锁定透明像素 ▦ ：按下该按钮后，可以将编辑范围限定在图层的不透明区域，图层的透明区域会受到保护。

● 锁定图像像素 ✏ ：按下该按钮后，只能对图层进行移动和变换操作，不能在图层上绘画、擦除或应用滤镜。

● 锁定位置 ✛ ：按下该按钮后，图层不能移动。对于设置了精确位置的图像，锁定位置后就不必担心被意外移动了。

● 锁定全部 🔒 ：按下该按钮，可以锁定以上全部选项。

提示：

当图层只有部分属性被锁定时，图层名称右侧会出现一个空心的锁状图标🔓；当所有属性都被锁定时，锁状图标🔒是实心的。

3.3.9　图层的不透明度

"图层"面板中有两个控制图层不透明度的选项："不透明度"和"填充"。在这两个选项中，100% 代表了完全不透明、50% 代表了半透明、0% 为完全透明。

"不透明度"选项用来控制图层以及图层组中绘制的像素和形状的不透明度，如果对图层应用了图层样式，那么图层样式的不透明度也会受到该值的影响。"填充"选项只影响图层中绘制的像素和形状的不透明度，不会影响图层样式的不透明度。

例如图 3-38 所示为添加了"投影"样式的图像，当调整图层不透明度时，会对图像和"投影"效果产生影响，如图 3-39 所示。调整填充不透明度时，仅影响图像，"投影"效果的不透明度不会发生改变，如图 3-40 所示。

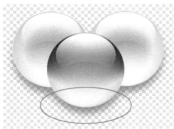

图3-38

图3-39

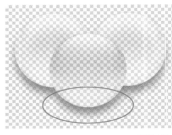

图3-40

小技巧：快速修改图层的不透明度

使用除画笔、图章、橡皮擦等绘画和修饰之外的其他工具时，按下键盘中的数字键即可快速修改图层的不透明度。例如，按下"5"，不透明度会变为50%；按下"55"，不透明度会变为55%；按下"0"，不透明度会恢复为100%。

3.3.10 图层的混合模式

混合模式是 Photoshop 的核心功能之一，它决定了像素的混合方式，可用于合成图像、制作选区和特殊效果。选择一个图层以后，单击"图层"面板顶部的 按钮，在的打开下拉菜单中可以为它选择一种混合模式。

图 3-41 所示为一个 PSD 格式的分层文件，下表中显示了为"图层 1"设置不同的混合模式后，它与下面图层中的像素("背景"图层)是如何混合的。

图3-41

正常模式		溶解模式	
默认的混合模式，图层的不透明度为100%时，完全遮盖下面的图像。降低不透明度可以使其与下面的图层混合。		设置为该模式并降低图层的不透明度时，可以使半透明区域上的像素离散，产生点状颗粒。	
变暗模式		正片叠底模式	
比较两个图层，当前图层中较亮的像素会被底层较暗的像素替换，亮度值比底层像素低的像素保持不变。		当前图层中的像素与底层的白色混合时保持不变，与底层的黑色混合时则被其替换，混合结果通常会使图像变暗。	

颜色加深模式	线性加深模式
通过增加对比度来加强深色区域，底层图像的白色保持不变。 	通过减小亮度使像素变暗，它与"正片叠底"模式的效果相似，但可以保留下面图像更多的颜色信息。 
深色模式	变亮模式
比较两个图层的所有通道值的总和并显示值较小的颜色，不会生成第三种颜色。 	与"变暗"模式的效果相反，当前图层中较亮的像素会替换底层较暗的像素，而较暗的像素则被底层较亮的像素替换。 
滤色模式	颜色减淡模式
与"正片叠底"模式的效果相反，它可以使图像产生漂白的效果，类似于多个摄影幻灯片在彼此之上投影。 	与"颜色加深"模式的效果相反，它通过减小对比度来加亮底层的图像，并使颜色变得更加饱和。 
线性减淡（添加）模式	浅色模式
与"线性加深"模式的效果相反。通过增加亮度来减淡颜色，亮化效果比"滤色"和"颜色减淡"模式都强烈。 	比较两个图层的所有通道值的总和并显示值较大的颜色，不会生成第三种颜色。 
叠加模式	柔光模式
可增强图像的颜色，并保持底层图像的高光和暗调。 	当前图层中的颜色决定了图像变亮或是变暗。如果当前图层中的像素比50%灰色亮，则图像变亮；如果像素比50%灰色暗，则图像变暗。产生的效果与发散的聚光灯照在图像上相似。 

强光模式		亮光模式	
当前图层中比50%灰色亮的像素会使图像变亮；比50%灰色暗的像素会使图像变暗。产生的效果与耀眼的聚光灯照在图像上相似。		如果当前图层中的像素比50%灰色亮，则通过减小对比度的方式使图像变亮；如果当前图层中的像素比50%灰色暗，则通过增加对比度的方式使图像变暗。可以使混合后的颜色更加饱和。	
线性光模式		点光模式	
如果当前图层中的像素比50%灰色亮，可通过增加亮度使图像变亮；如果当前图层中的像素比50%灰色暗，则通过减小亮度使图像变暗。与"强光"模式相比，"线性光"可以使图像产生更高的对比度。		如果当前图层中的像素比50%灰色亮，则替换暗的像素；如果当前图层中的像素比50%灰色暗，则替换亮的像素，这对于向图像中添加特殊效果时非常有用。	
实色混合模式		差值模式	
如果当前图层中的像素比50%灰色亮，会使底层图像变亮；如果当前图层中的像素比50%灰色暗，则会使底层图像变暗。该模式通常会使图像产生色调分离效果。		当前图层的白色区域会使底层图像产生反相效果，而黑色则不会对底层图像产生影响。	
排除模式		减去模式	
与"差值"模式的原理基本相似，但该模式可以创建对比度更低的混合效果。		可以从目标通道中相应的像素上减去源通道中的像素值。	
划分模式		色相模式	
查看每个通道中的颜色信息，从基色中划分混合色。		将当前图层的色相应用到底层图像的亮度和饱和度中，可以改变底层图像的色相，但不会影响其亮度和饱和度。对于黑色、白色和灰色区域，该模式不起作用。	

饱和度模式		颜色模式	
将当前图层的饱和度应用到底层图像的亮度和色相中，可以改变底层图像的饱和度，但不会影响其亮度和色相。		将当前图层的色相与饱和度应用到底层图像中，但保持底层图像的亮度不变。	
明度模式			
将当前图层的亮度应用于底层图像的颜色中，可改变底层图像的亮度，但不会对其色相与饱和度产生影响。			

小技巧：快速切换混合模式

在混合模式选项栏双击，然后滚动鼠标中间的滚轮，就可以循环切换各个混合模式。

3.4　创建选区

3.4.1　认识选区

　　在 Photoshop 中处理局部图像时，首先要指定编辑操作的有效区域，即创建选区。例如图 3-42 所示为一张荷花照片，如果要修改荷花的颜色，就要先通过选区将荷花选中，再调整颜色。选区可以将编辑限定在一定的区域内，这样就可以处理局部图像而不会影响其他内容了，如图 3-43 所示。如果没有创建选区，则会修改整张照片的颜色，如图 3-44 所示。

图3-42

图3-43

图3-44

选区还有一种用途，就是可以分离图像。例如，如果要为换荷花换一个背景，就要用选区将它选中，再将其从背景中分离出来，然后置入新的背景，如图3-45所示。

在 Photoshop 中可以创建两种选区，普通选区和羽化的选区。普通选区具有明确的边界，使用它选出的图像边界清晰、准确，如图3-46所示；使用羽化的选区选出的图像，其边界会呈现逐渐透明的效果，如图3-47所示。

图3-45　　　　　图3-46　　　　　图3-47

3.4.2　创建几何形状选区

矩形选框工具 可以创建矩形和正方形选区，椭圆选框工具 可以创建椭圆形和圆形选区。这两个工具的使用方法都很简单，只需在画面中单击并拖出一个矩形或椭圆选框，然后放开鼠标即可，如图3-48、图3-49所示。

图3-48　　　　　　　　图3-49

提示：

在创建选区时，如果按住Shift键操作，可创建正方形或圆形选区；按住Alt键操作，将以鼠标的单击点为中心向外创建选区；按住Shift+Alt键，可由单击点为中心向外创建正方形或圆形选区。此外，在创建选区的过程中按住空格键拖动鼠标，可以移动选区。

3.4.3　创建非几何形状选区

多边形套索工具 可以创建由直线连接成的选区，如图3-50所示。选择该工具后，在画面中

单击鼠标，然后移动鼠标至下一点上单击，连续执行以上操作，最后在起点处单击可封闭选区，也可以在任意的位置双击，Photoshop 会在该点与起点处连接直线来封闭选区。

套索工具 可以创建比较随意的选区，如图3-51所示。使用该工具时，需要在画面中单击并按住鼠标徒手绘制选区，在到达起点时放开鼠标，即可创建一个封闭的选区，如果在中途放开鼠标，则 Photoshop 会用一条直线来封闭选区。

图3-50　　　　　　　　图3-51

提示：

使用套索工具 时，按住Alt键，然后松开鼠标左键，在其他区域单击可切换为多边形套索工具 绘制直线。如果要恢复为套索工具 ，可以单击并拖动鼠标，然后放开Alt键继续拖动鼠标。使用多边形套索工具 时，按住Alt键单击并拖动鼠标可切换为套索工具 ；放开Alt键，然后在其他区域单击可恢复为多边形套索工具 。

3.4.4　磁性套索工具

磁性套索工具 具有自动识别对象边缘的功能，使用它可以快速选取边缘复杂、但与背景对比清晰的图像。

选择该工具后，在需要选取的图像边缘单击，然后放开鼠标按键沿着对象的边缘移动鼠标，Photoshop 会在光标经过处会放置一定数量的锚点来连接选区，如图3-52所示。如果想要在某一位置放置一个锚点，可以在该处单击，如果锚点的位置不准确，则可以按下 Delete 键将其删除，连续按下 Delete 键可依次删除前面的锚点，如图3-53所示。如果要封闭选区，只需将光标移至起点处单击即可，如图3-54所示。

图3-52　　　　　　图3-53　　　　　　图3-54

3.4.5　魔棒工具

魔棒工具 ![] 能够基于图像中色调的差异建立选区，它使用方法非常简单，只需在图像上单击，Photoshop 就会选择与单击点色调相似的像素。例如图3-55 ~ 图3-57 所示是使用魔棒工具选择背景，然后反转选区后选择的苹果。

图3-55　　　　　　图3-56　　　　　　图3-57

在魔棒工具的工具选项栏中，有控制工具性能的重要选项，如图 3-58 所示。

取样大小：取样点　　容差：32　☑消除锯齿　☑连续　□对所有图层取样

图3-58

- 取样大小：用来设置魔棒工具的取样范围。选择"取样点"，可对光标所在位置的像素进行取样；选择"3×3 平均"，可对光标所在位置3 个像素区域内的平均颜色进行取样，其他选项以此类推。
- 容差：用来设置选取的颜色范围，该值越高，包含的颜色范围越广。图 3-59 所示是设置容差值为 32 时创建的选区，此时可选择到比单击点高 32 个灰度级别和低 32 个灰度级别的像素，如图 3-60 所示是设置该值为 10 时创建的选区。

图3-59　　　　　　　　图3-60

- 消除锯齿：选择该选项后，可在选区边缘 1 个像素宽的范围内添加与周围图像相近的颜色，使边缘颜色的过渡柔和，从而消除锯齿。如图 3-61 所示是在未消除锯齿的状态下选取出来的图像（局部的放大效果），如图 3-62 所示是消除锯齿后选出的图像。

图3-61　　　　　　　　图3-62

- 连续：勾选该选项后，仅选择颜色连接的区域，如图 3-63 所示。取消勾选，则可以选择与单击点颜色相近的所有区域，包括没有连接的区域，如图 3-64 所示。

图3-63　　　　　　　　图3-64

- 对所有图层取样：勾选该项后，可以选择所有可见图层颜色相近的区域；取消勾选则仅选取当前图层颜色相近的区域。

3.4.6　快速选择工具

快速选择工具 ![] 的图标是一只画笔 + 选区轮廓，这说明它的使用方法与画笔工具类似。该工具能够利用可调整的圆形画笔笔尖快速"绘制"选区，也就是说，我们可以像绘画一样涂抹出选区。在拖动鼠标时，选区还会向外扩展并自动查找和跟随图像中定义的边缘，如图 3-65 ~ 图 3-67 所示。

图3-65　　　　　图3-66　　　　　图3-67

3.5　编辑选区

3.5.1　全选与反选

执行"选择 > 全部"命令或按下 Ctrl+A 快捷键，可以选择当前文档边界内的全部图像，如图 3-68 所示。创建选区之后，如图 3-69 所示，执行"选择 > 反向"命令或按下 Shift+Ctrl+I 快捷键，可以反转选区，如图 3-70 所示。

图3-68　　　　　图3-69　　　　　图3-70

⬇ 小技巧：移动选区

创建选区以后，如果新选区按钮 □ 为按下状态，则使用选框、套索和魔棒工具时，只要将光标放在选区内，单击并拖动鼠标即可移动选区。如果要轻微移动选区，可以按下键盘中的→、←、↑、↓键。

3.5.2　取消选择与重新选择

创建选区以后，执行"选择 > 取消选择"命令或按下 Ctrl+D 快捷键，可以取消选择。如果要恢复被取消的选区，可以执行"选择 > 重新选择"命令。

3.5.3　对选区进行运算

选区运算是指在画面中存在选区的情况下，使用选框工具、套索工具和魔棒工具等创建新选区时，新选区与现有选区之间进行运算，从而生成我们需要的选区。图 3-71 所示为工具选项栏中的选区运算按钮。

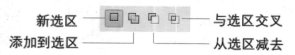

图3-71

- 新选区 □：按下该按钮后，如果图像中没有选区，可以创建一个选区，图 3-72 所示为创建的圆形选区；如果图像中有选区存在，则新创建的选区会替换原有的选区。
- 添加到选区 ◻：按下该按钮后，可在原有选区的基础上添加新的选区，图 3-73 所示为在现有圆形选区基础之上添加的矩形选区。
- 从选区减去 ◻：按下该按钮后，可在原有选区中减去新创建的选区，如图 3-74 所示。
- 与选区交叉 ◻：按下该按钮后，画面中只保留原有选区与新创建的选区相交的部分，如图 3-75 所示。

图3-72　　　　　　　图3-73

图3-74　　　　　　　图3-75

3.5.4　对选区进行羽化

创建选区后，如图 3-76 所示，执行"选择 > 修改 > 羽化"命令，打开"羽化选区"对话框，通过"羽化半径"可以控制羽化范围的大小，如图 3-77 所示。图 3-78 所示为使用羽化后的选区选取的图像。

图3-76

图3-77

图3-79

图3-80

图3-78

3.5.5 存储与载入选区

创建选区后，单击"通道"面板底部的将选区存储为通道按钮 ▣，Photoshop 会将选区保存到 Alpha 通道中，如图 3-79 所示。从通道中调出选区时，可以按住 Ctrl 键单击 Alpha 通道，如图 3-80 所示。

提示：

执行"文件>存储"命令保存文件时，选择 PSB、PSD、PDF、TIFF等格式可以保存Alpha 通道。

3.6 创意设计实例：移形换影

- ●菜鸟级 ●玩家级 ●专业级
- ●实例类型：平面设计
- ●难易程度：★★★☆
- ●实例描述：从人物中选取一部分图像，分离出来进行单独变换，形成强烈的错视效果，再通过蒙版修饰，使合成效果不留痕迹。

① 按下 Ctrl+O 快捷键，打开光盘中的素材文件，如图 3-81 所示。"路径"面板中包含人物的轮廓路径，如图 3-82 所示。单击"路径 1"，再按下 Ctrl+ 回车键将路径转换为选区，如图 3-83 所示。

图3-81　　　　　图3-82　　　　　图3-83

②打开一个素材文件，如图 3-84 所示。使用移动工具 ►+ 将选中的人物拖动到该文档中，如图 3-85 所示。

③移入的人物位于一个单独的图层中，如图 3-86 所示。执行"编辑 > 变换 > 旋转 180 度"命令，调整人物的角度，如图 3-87 所示。

图3-84　　　　　　　　图3-85

图3-86　　　　　　　　图3-87

④使用矩形选框工具 [] 选取人物的上半身，如图 3-88 所示。按下 Shift+Ctrl+J 快捷键，将选中的图像剪切到一个新的图层中，如图 3-89 所示。

图3-88　　　　　　　　图3-89

⑤按下 Ctrl+T 快捷键显示定界框，按住 Shift 键拖动定界框的一角，将图像成比例缩小，如图 3-90 所示，按回车键确认操作。由于人物变小了，产生了强烈的错位效果，如图 3-91 所示。使用移动工具 ►+ 将人物上半身向左移动，使人物的背部能够形成一条流畅的弧线，如图 3-92 所示。

图3-90　　　　　图3-91　　　　　图3-92

⑥选择"图层 1"。使用多边形套索工具 ▽ 选取腹部多余的图像，如图 3-93 所示，按住 Alt 键单击 ◙ 按钮创建图层蒙版，将多余的区域隐藏，如图 3-94、图 3-95 所示。

图3-93

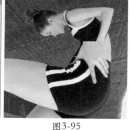

图3-94　　　　　　　图3-95

提示：

在图像中创建选区后，单击 ◙ 按钮从选区生成蒙版时，选区内的图像是可见的，如果按住 Alt 键单击 ◙ 按钮，则可以生成一个反相的蒙版，将选中的图像隐藏。

⑦按住 Ctrl 键单击"图层 2"，选取如图 3-96 所示的两个图层，按下 Alt+Ctrl+E 快捷键盖印到一个新的图层中，如图 3-97 所示。

图3-96　　　　　　　　图3-97

图3-101　　　　　　　　图3-102

⑧ 按下 Shift+Ctrl+U 快捷键去色，如图 3-98 所示。设置该图层的混合模式为"正片叠底"，使图像的色调变暗，如图 3-99、图 3-100 所示。

图3-98

⑩ 按下 Ctrl+D 快捷键取消选择。执行"滤镜 > 模糊 > 动感模糊"命令，设置参数如图 3-103 所示，效果如图 3-104 所示。此时这个投影效果还不够真实，可以先按住 Ctrl 键将该图层向左移动，以避免投影出现在人物右侧，再使用橡皮擦工具 ▨（柔角 300px，不透明度 30%）对投影进行适当擦除。使用柔角画笔 ▨ 在鞋跟、膝盖的位置绘制投影，效果如图 3-105 所示。

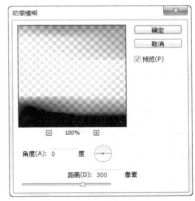

图3-103

图3-99　　　　　　　　图3-100

⑨ 按住 Ctrl 键单击该图层的缩览图，载入人物的选区，如图 3-101 所示。选择"背景"图层，在它上方新建一个图层，将前景色设置为黑色，按下 Alt+Delete 快捷键填充前景色，如图 3-102 所示。

图3-104　　　　　　　　图3-105

⑪选择画笔工具 ，在画笔下拉面板中选择硬边圆画笔，设置大小为 10 像素，如图 3-106 所示。按住 Shift 键在画面中人物身体错位的区域绘制一条白色的直线，在画面右下角输入文字，完成后的效果如图 3-107 所示。

图3-106　　　　　　　　　　　图3-107

3.7　特效设计实例：唯美纹身

● 菜鸟级　● 玩家级　● 专业级
● 实例类型：特效设计
● 难易程度：★★★☆
● 实例描述：用变换复制的方式制作纹样，通过设置混合模式将其贴在人体上，调整混合滑块，控制混合程度。

①打开两个素材文件，人物位于单独的图层中，如图 3-108、图 3-109 所示。荷花素材也已经抠去背景，如图 3-110、图 3-111 所示。

②使用移动工具 将荷花拖入人物文档中。按下 Ctrl+T 快捷键显示定界框，按住 Shift 键锁定图像比例，旋转并缩放，如图 3-112 所示。按下回车键确认。按下 Ctrl+J 快捷键复制图层，如图 3-113 所示。按下 Ctrl+T 快捷键显示定界框，按住 Shift 键锁定图像比例，自由变换复制后的图像效果如图 3-114 所示。按下回车键确认变换。

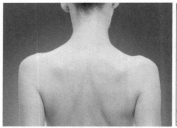

图3-108　　　　　　　　　　　图3-109

图3-110　　　　　　　　　　　图3-111

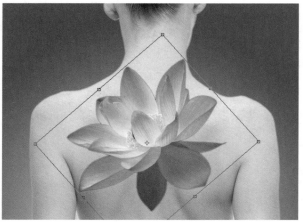

图3-112

图3-113 图3-114

③ 按住 Alt+Shift+Ctrl 键，同时连续按下 T 键重复变换操作，每按一次便会复制与变换出一个新的图层，直到复制的图像组成一个优美的弧形，如图 3-115 所示，这时的"图层"面板状态如图 3-116 所示。

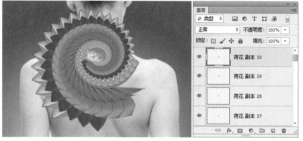

图3-115 图3-116

④ 按住 Shift 键选择荷花的所有副本图层（除"荷花"图层外），按下 Ctrl+E 快捷键合并。隐藏"荷花"图层，按下 Ctrl+[快捷键向下移动位置，如图 3-117 所示。按下 Ctrl+J 快捷键复制当前图层，如图 3-118 所示。

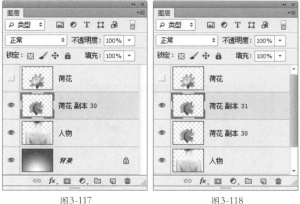

图3-117 图3-118

⑤ 按下 Ctrl+T 快捷键显示定界框，单击右键选择"水平翻转"命令，再按住 Shift 键锁定方向，向右移动图形，使两个图形对称分布，如图 3-119

所示，按下回车键确认变换。按下 Ctrl+E 快捷键向下合并图层，按下 Ctrl+T 快捷键显示定界框，自由变换图形，并放置到适当的位置，如图 3-120 所示。

图3-119 图3-120

⑥ 按下 Ctrl+J 快捷键复制图层，修改图层的混合模式为"柔光"，将该图层与下一图层混合使图形变亮，如图 3-121 所示。按下 Ctrl+E 快捷键向下合并图层，按下 Ctrl+J 快捷键复制对称图形，再按下 Ctrl+T 快捷键自由变换图形，将图形垂直翻转再成比例缩小，按下 Ctrl+E 快捷键向下合并，如图 3-122 所示。

图3-121 图3-122

⑦ 选择并显示"荷花"图层。按下 Ctrl+T 快捷键显示定界框，经过自由变换后，适当调整它的位置，如图 3-123 所示，按下 Ctrl+J 快捷键复制图层，并修改复制图层的混合模式和不透明度，使荷花变亮，如图 3-124、图 3-125 所示。然后按下 Ctrl+E 快捷键向下合并图层，将荷花与其副本图层合并。

图3-123

图3-124　　　　　　　　　　图3-125

⑧ 双击当前图层打开"图层样式"对话框，设置参数如图 3-126 所示，效果如图 3-127 所示。按下 Ctrl+E 快捷键将由荷花组成的图案合并到一个图层中，重新命名为"荷花"，如图 3-128 所示。

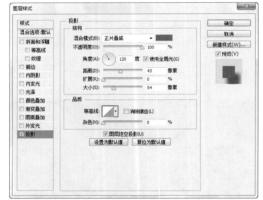

图3-126

图3-127　　　　　　　　　图3-128

⑨ 按下 Ctrl+U 快捷键打开"色相 / 饱和度"对话框，调整荷花的颜色，如图 3-129、图 3-130 所示。

图3-129　　　　　　　　图3-130

⑩ 打开一个素材文件，如图 3-131 所示，将它拖入当前文档中，并适当调整它在画面中的位置，按下 Ctrl+E 快捷键将它与"荷花"图层合并，调整该图层的混合模式为"正片叠底"，将图案与人体混合，制作为彩绘效果，如图 3-132 所示。

图3-131

图3-132

⑪ 双击该图层打开"图层样式"对话框，按住 Alt 键分别拖动"混合颜色带"中"本图层"和"下一图层"的白色滑块，将白色滑块分开，并向左移动，如图 3-133 所示，分别将本图层的白色像素隐藏，将下一图层的白色像素显示出来，使彩绘效果更加真实，如图 3-134 所示。

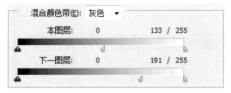

图3-133

图3-134

⓬单击"图层"面板中的 ▣ 按钮，添加图层蒙版，使用柔角画笔工具 ✐ 在超出人物背部的图案上涂抹，将它们隐藏，如图 3-135、图 3-136 所示。

图3-135　　　　　　　　图3-136

⓭双击"人物"图层，打开"图层样式"对话框，选择"内发光"选项，设置参数，如图 3-137 所示，表现出环境光的效果，如图 3-138 所示。

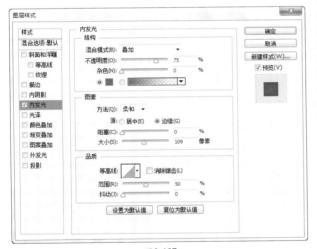

图3-137

图3-138

⓮打开一个素材文件，这是一个 PSD 分层文件，使用移动工具 ⊹ 将花纹拖入人物文档中，设置"花纹"图层的混合模式为"叠加"，使它与整个图像混合，如图 3-139、图 3-140 所示。

图3-139　　　　　　　　图3-140

3.8　特效设计实例：百变鼠标

● 菜鸟级　● 玩家级　● 专业级

● 实例类型：特效设计

● 难易程度：★★★

● 实例描述：通过混合模式与剪贴蒙版给鼠标贴上各种有趣的贴图。

① 按下 Ctrl+O 快捷键，打开光盘中的鼠标和图案素材文件，我们要将这些鼠标贴上有趣的图案，如图 3-141 所示。为了方便编辑，每个鼠标都位于单独的图层中，如图 3-142 所示。贴图文件则由各种各样的图案组成，如图 3-143、图 3-144所示。

图3-141 图3-142

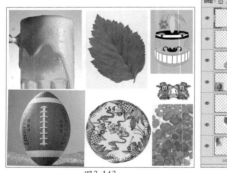

图3-143 图3-144

② 选择移动工具，在工具选项栏中勾选"自动选择"，选择"图层"选项，如图 3-145 所示。

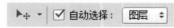

图3-145

③ 先将卡通图案拖动到鼠标文档中，将它所在的图层移至"鼠标"图层的上方，按下 Alt+Ctrl+G 快捷键创建剪贴蒙版，作为基底图层的鼠标就可以限定卡通图案的显示范围了，如图 3-146、图 3-147所示。

④ 设置该图层的混合模式为"正片叠底"，如图 3-148 所示。使用横排文字工具 **T** 输入文字，设置文字图层的混合模式为"叠加"，效果如图 3-149所示。

图3-146 图3-147 图3-148 图3-149

提示：

在制作完第一个艺术鼠标后，可以将与它相关的图层选取，然后按下Ctrl+G快捷键创建到一个图层组内，这样有利于管理图层。

⑤ 下面制作啤酒质感鼠标。将素材文件中的啤酒图像拖动到鼠标文档中，使它位于第一行第一个鼠标上方，如图 3-150 所示。在"图层"面板中，也要将啤酒图层调整到该鼠标图层的上方，然后按下 Alt+Ctrl+G 快捷键创建剪贴蒙版，如图 3-151所示。

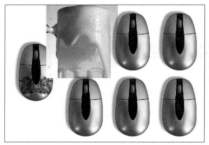

图3-150 图3-151

⑥ 创建剪贴蒙版后，鼠标的滚轮和接缝被挡住了，下面要将它们选取出来。先隐藏啤酒图层，然后选择鼠标所在的图层，如图 3-152 所示。使用椭圆选框工具 在鼠标的接缝处创建一个选区，如图 3-153 所示，然后按下工具选项栏中的从选区减去按钮，再创建一个选区，创建的过程中可以按住空格键移动选区，如图 3-154 所示，放开鼠标后可得到如图 3-155 所示的选区。按下工具选项栏中的添加到选区按钮，将滚轮部分选取，如图 3-156 所示，这样选区就制作完成了，如图3-157 所示。

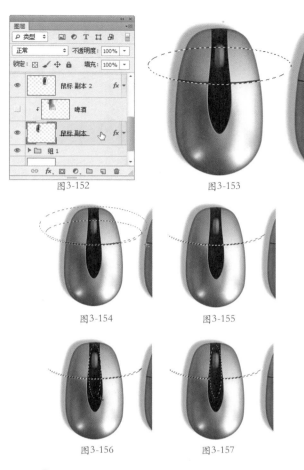

图3-152

图3-153

图3-154

图3-155

图3-156

图3-157

⑦ 按下 Ctrl+C 快捷键复制选区内的图像，选择"啤酒"图层，然后单击创建新图层按钮 🗔，在该图层上面新建"图层 1"，按下 Ctrl+V 快捷键粘贴图像，再按下 Ctrl+D 快捷键取消选择。显示"啤酒"图层，如图 3–158、图 3–159 所示。将组成啤酒鼠标的这三个图层选中，按下 Ctrl+G 快捷键，将它们创建在一个图层组内。

图3-158

图3-159

⑧ 将树叶素材拖动到鼠标文件中，使它位于第一行第二个鼠标上方，创建剪贴蒙版，设置树叶图层的混合模式为"叠加"。按下 Ctrl+T 快捷键显示定界框，将树叶朝顺时针方向旋转，如图 3–160 所示。按下回车键确认。用同样方法制作脸谱鼠标，设置混合模式为"叠加"，效果如图 3–161 所示。

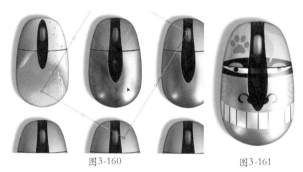

图3-160

图3-161

⑨ 制作橄榄球鼠标时，设置它的混合模式为"强光"，如图 3–162 所示。 制作传统图案鼠标时，设置图案的混合模式为"叠加"，如图 3–163 所示，然后复制该图层，设置混合模式为"线性加深"，不透明度为 60%，效果如图 3–164 所示。制作蓝色水晶石鼠标时，设置石头图层的混合模式为"强光"，效果如图 3–165 所示。最终的效果如图 3–166 所示。

图3-162　　　图3-163　　　图3-164　　　图3-165

图3-166

3.9　广告设计实例：灯具广告

● 菜鸟级　● 玩家级　● 专业级
● 实例类型：平面设计
● 难易程度：★ ★ ★ ☆
● 实例描述：灵活运用图层蒙版技术，将人物
　与灯泡合成为一幅创意独特的平面广告。

① 按下 Ctrl+O 快捷键，打开光盘中的素材文件，如图 3-167 所示。单击"路径"面板中的"路径 1"，显示灯泡路径，如图 3-168 所示。按下 Ctrl+ 回车键将路径转换为选区，如图 3-169 所示。

图3-167　　　　　图3-168　　　　　图3-169

② 按下 Ctrl+N 快捷键打开"新建"对话框，创建一个 A4 大小、分辨率为 200 像素 / 英寸的 RGB 文件，将背景填充为洋红色，使用移动工具 ▶ 将灯泡移动到新建的平面广告文档中，如图 3-170 所示。双击灯泡所在的图层，打开"图层样式"对话框，选择"内发光"选项，设置发光颜色为洋红色，如图 3-171、图 3-172 所示。

图3-170

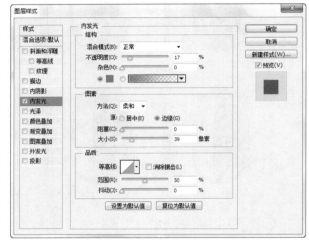

图3-171

图3-172

③ 打开一个素材文件，使用魔棒工具 ◥（容差 26）按住 Shift 键在背景上单击，将背景全部选取，按下 Shift+Ctrl+I 快捷键反选，如图 3-173 所示。单击工具选项栏中的"调整边缘"按钮，在打开的对话框中设置参数，如图 3-174 所示。对选区进

行平滑处理，使用移动工具 将人物移动到平面广告文档中，如图 3-175 所示。

图3-173

图3-174

图3-175

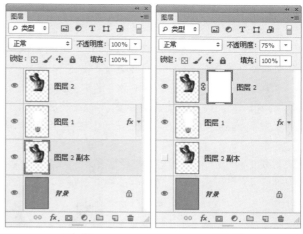

图3-176　　　　　　　　图3-177

⑤ 按住 Ctrl 键单击"图层 1"的缩览图，载入灯泡的选区，如图 3-178 所示。选择画笔工具 ，设置为尖角 200px，在蒙版中涂抹黑色，将灯泡范围内的人体除手腕外的区域隐藏，如图 3-179 所示。在描绘到手腕区域时，可以按下 [键将画笔调小进行精确绘制，如图 3-180 所示。

图3-178　　　　图3-179　　　　图3-180

⑥ 描绘到手部投影时，可适当多留出一些区域，采用快捷键创建直线的方式比较方便，先在一点单击，然后按住 Shift 键在另外一点单击形成直线，如图 3-181 所示。选择柔角画笔 ，设置大小为 100px，不透明度为 20%，在直线边缘上拖动鼠标使其变浅、变柔和，如图 3-182 所示。

提示：

"调整边缘"命令可以提高选区边缘的品质并允许对照不同的背景查看选区，在"调整边缘"对话框中按下F键可以循环显示各种预览模式，按下X键可以临时查看图像。

④ 在"图层"面板中按住 Alt 键向下拖动人物所在的图层，到达"背景"图层上时方放开鼠标，复制出一个图层，如图 3-176 所示，隐藏"图层 2 副本"，选择"图层 2"，设置不透明度为 75%，这样可以看到灯泡的范围，以方便制作蒙版。按下 Ctrl+T 快捷键显示定界框，按住 Shift 键拖动定界框的一角将人物略微缩小，单击 按钮添加图层蒙版，如图 3-177 所示。

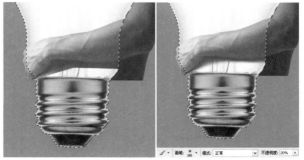

图3-181　　　　　　　　图3-182

⑦按下 Shift+Ctrl+I 快捷键反选，使用画笔工具 ✐ 继续在蒙版中绘制，将腰部区域隐藏，按下 Ctrl+D 快捷键取消选择，将该图层的不透明度恢复为 100%，效果如图 3-183 所示。

⑧显示并选择"图层 2 副本"图层，如图 3-184 所示，按下 Ctrl+T 快捷键显示定界框，将图像朝逆时针方向旋转，如图 3-185 所示，按下回车键确认操作。

图3-183　　　　　图3-184　　　　　图3-185

⑨使用多边形套索工具 ♥ 选取除左臂以外的区域，如图 3-186 所示，按住 Alt 键单击 ▣ 按钮创建一个反相的蒙版，将选区内的图像隐藏，如图 3-187、图 3-188 所示。

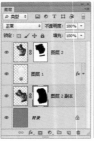

图3-186　　　　　图3-187　　　　　图3-188

⑩在工具选项栏中设置画笔工具为柔角笔尖，不透明度调整为 80%。打开"画笔"面板，调整直径为 1400px，圆度为 15%，如图 3-189 所示。在"图层"面板最上方新建一个图层，使用画笔工具 ✐ 在画面中单击，绘制投影，如图 3-190 所示。

图3-189　　　　　图3-190

⑪选择圆角矩形工具 ▭，选择工具选项栏中的"路径"选项，设置半径为 30 厘米，在画面中创建一个圆角矩形路径，如图 3-191 所示。按下 Ctrl+ 回车键将路径转换为选区，如图 3-192 所示。

图3-191　　　　　　　　图3-192

⑫执行"编辑 > 描边"命令，在打开的对话框中设置描边宽度为 8px，颜色为白色，位置居外，如图 3-193、图 3-194 所示。

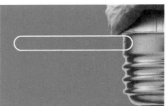

图3-193　　　　　　　图3-194

⑬选择横排文字工具 **T**，在工具选项栏中设置字体为"Impact"，大小为 14 点，输入文字，完成后的效果如图 3-195 所示。

图3-195

3.10 拓展练习：愤怒的小鸟

●菜鸟级 ●玩家级 ●专业级　　实例类型：特效设计　　视频位置：光盘 > 视频 >3.10

打开光盘中的素材文件，如图 3-196 所示，用椭圆选框工具 ○ 和多边形套索工具 ▽ 选两处紫菜叶，拖入到另一个文档中，组成小鸟的眼睛，如图 3-197 所示。

图3-196

图3-197

显示并选择木瓜所在的图层，如图 3-198 所示，使用椭圆选框工具 ○ 选取一处果核，拖入到小鸟文档中，组成小鸟的眼球，如图 3-199 所示。选择其他图层中的素材，为小鸟添加嘴巴和羽毛，如图 3-200 所示。

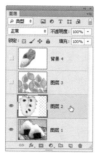

图3-198

图3-199

图3-200

第04章

书籍装帧设计：蒙版与通道

4.1　关于书籍装帧设计

　　书籍装帧设计是指从书籍文稿到成书出版的整个设计过程，包括书籍的开本、装帧形式、封面、腰封、字体、版面、色彩、插图，以及纸张材料、印刷、装订及工艺等各个环节的艺术设计。它是完成从书籍形式的平面化到立体化的过程，包含了艺术思维、构思创意和技术手法的系统设计。如图4-1、图4-2所示为书籍各部分的名称。

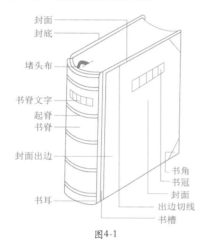

图4-1

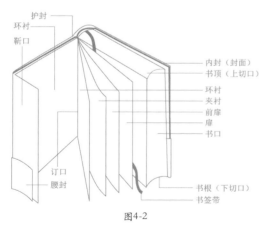

图4-2

- 封套：外包装，保护书册的作用。
- 护封：装饰与保护封面。
- 封面：书的面子，分封面和封底。
- 书脊：封面和封底当中书的脊柱。
- 环衬：连接封面与书心的衬页。
- 空白页：签名页、装饰页。
- 资料页：与书籍有关的图形资料，文字资料。

- 扉页：书名页，正文从此开始。
- 前言：包括序、编者的话、出版说明。
- 后语：跋、编后记。
- 目录页：具有索引功能，大多安排在前言之后正文之前的篇、章、节的标题和页码等文字。
- 版权页：包括书名、出版单位、编著者、开本、印刷数量、价格等有关版权的页面。
- 书心：包括环衬、扉页、内页、插图页、目录页、版权页等。

小知识：书籍的开本

　　书籍的开本是指书籍的幅面大小，也就是书籍的面积。开本一般以整张纸的规格为基础，采用对叠方式进行裁切，整张纸称为整开，其1/2为对开，1/4为4开，其余的以此类推。一般的书籍采用的是大、小32开和大、小16开，在某些特殊情况下，也有采用非几何级数开本的。

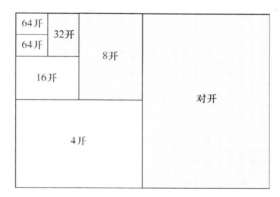

全开纸：850毫米×1168毫米	全开纸：787毫米×1092毫米
大8开：280毫米×406毫米	8开：260毫米×376毫米
大16开：203毫米×280毫米	16开：185毫米×260毫米
大32开：140毫米×203毫米	32开：130毫米×184毫米
大64开：101毫米×137毫米	64开：92毫米×126毫米

书籍开本

787毫米×1092毫米的纸张　850毫米×1168毫米纸张

　　大多数国家使用的是ISO 216国际标准来定义纸张的尺寸，它按照纸张幅面的基本面积，把幅面规格分A、B、C三组，A组主要用于书籍杂志；B组主要用于海报；C组多用于信封文件。

4.2　蒙版

4.2.1　蒙版的种类

　　"蒙版"一词源自于摄影，指的是控制照片不同区域曝光的传统暗房技术。Photoshop 中的蒙版用来处理局部图像，可以隐藏不想显示的区域，但不会删除这些内容。

　　Photoshop 提供了 3 种蒙版：矢量蒙版、剪贴蒙版和图层蒙版。矢量蒙版通过路径和矢量形状控制图像的显示区域；剪贴蒙版通过一个对象的形状来控制其他图层的显示区域；图层蒙版通过蒙版中的灰度信息来控制图像的显示区域，可用于合成图像，也可以控制填充图层、调整图层、智能滤镜的有效范围。

4.2.2　矢量蒙版

　　矢量蒙版是由钢笔、自定形状等矢量工具创建的蒙版，它与分辨率无关，无论怎样缩放都能保持光滑的轮廓，因此，常用来制作 Logo、按钮或其他 Web 设计元素。

　　用自定形状工具 创建一个矢量图形，如图 4-3 所示，执行"图层 > 矢量蒙版 > 当前路径"命令，即可基于当前路径创建矢量蒙版，路径区域外的图像会被蒙版遮盖，如图 4-4、图 4-5 所示。

提示：

　　创建矢量蒙版后，单击矢量蒙版缩览图，可进入蒙版编辑状态，此时可以使用自定形状工具 或钢笔工具 在画面中绘制新的矢量图形，并将其添加到矢量蒙版中；使用路径选择工具 单击并拖动矢量图形可将其移动，蒙版的遮盖区域也随之改变；如果要删除图形，可在选择之后按下Delete键。

4.2.3　剪贴蒙版

　　剪贴蒙版可以用一个图层中包含像素的区域来限制它上层图像的显示范围。它的最大优点是可通过一个图层来控制多个图层的可见内容，而图层蒙版和矢量蒙版都只能控制一个图层。

　　选择一个图层，如图 4-6 所示，执行"图层 > 创建剪贴蒙版"命令或按下 Alt+Ctrl+G 快捷键，即可将该图层与下方图层创建为一个剪贴蒙版组，如图 4-7 所示。剪贴蒙版可以应用于多个图层，但这些图层必须上下相邻。

图4-3　　　　　　　　图4-4

图4-6

图4-5

图4-7

在剪贴蒙版组中，最下面的图层叫做"基底图层"，它的名称带有下划线；位于它上面的图层叫做"内容图层"，它们的缩览图是缩进的，并带有 ↓ 形状图标（指向基底图层），如图 4-8 所示。基底图层中的透明区域充当了整个剪贴蒙版组的蒙版，也就是说，它的透明区域就像蒙版一样，可以将内容层中的图像隐藏起来，因此，只要移动基底图层，就会改变内容图层的显示区域，如图 4-9 所示。

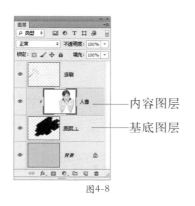

图4-8

图4-9

> **提示：**
>
> 将一个图层拖动到基底图层上，可将其加入剪贴蒙版组中。将内容图层移出剪贴蒙版组，则可以释放该图层。如果要释放全部剪贴蒙版，可选择基底图层正上方的内容图层，再执行"图层>释放剪贴蒙版"命令或按下Alt+Ctrl+G快捷键。

4.2.4 图层蒙版

图层蒙版是一个 256 级色阶的灰度图像，它蒙在图层上面，起到遮盖图层的作用，然而其本身并不可见。图层蒙版主要用于合成图像。此外，我们创建调整图层、填充图层或者应用智能滤镜时，Photoshop 也会自动为其添加图层蒙版，因此，图层蒙版还可以控制颜色调整和滤镜范围。

在图层蒙版中，纯白色对应的图像是可见的，纯黑色会遮盖图像，灰色区域会使图像呈现出一定程度的透明效果（灰色越深、图像越透明），如图 4-10 所示。基于以上原理，当我们想要隐藏图像的某些区域时，为它添加一个蒙版，再将相应的区域涂黑即可；想让图像呈现出半透明效果，可以将蒙版涂灰。

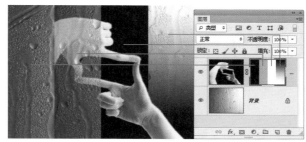

图4-10

选择一个图层，如图 4-11 所示，单击"图层"面板底部的 ▣ 按钮，即可为其添加一个白色的图层蒙版，如图 4-12 所示。如果在画面中创建了选区，如图 4-13 所示，则单击 ▣ 按钮可基于选区生成蒙版，即选区外的图像会被蒙版遮盖，如图 4-14 所示。

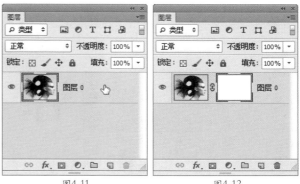

图4-11   图4-12

图4-13 　　　　　　　　　　图4-14

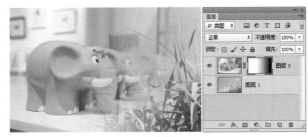

图4-16

2. 画笔工具

选择画笔工具 后，可以在"画笔"面板中设置工具的属性，如图 4-17 所示。"画笔"面板是最重要的面板之一，它可以设置绘画工具（画笔、铅笔、历史记录画笔等），以及修饰工具（涂抹、加深、减淡、模糊、锐化等）的笔尖种类、画笔大小和硬度。如果只需要对画笔进行简单调整，可单击工具选项栏中的 按钮，打开画笔下拉面板进行设置，如图 4-18 所示。

小知识：蒙版编辑注意事项

添加图层蒙版后，蒙版缩览图外侧有一个白色的边框，它表示蒙版处于编辑状态，此时进行的所有操作将应用于蒙版。如果要编辑图像，应单击图像缩览图，将边框转移到图像上。

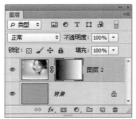

蒙版处于编辑状态 　　　　图像处于编辑状态

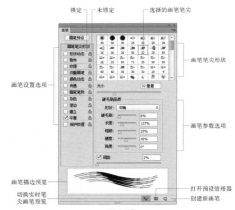

图4-17

4.2.5　用画笔和渐变编辑蒙版

1. 用绘画工具编辑蒙版

图层蒙版是位图图像，我们几乎可以使用所有的绘画工具来编辑它。例如，用柔角画笔工具 修改蒙版可以使图像边缘产生逐渐淡出的过渡效果，如图 4-15 所示；用渐变工具 编辑蒙版可以将当前图像逐渐融入到另一个图像中，图像之间的融合效果自然、平滑，如图 4-16 所示。

图4-15

图4-18

- 大小：拖动滑块或在文本框中输入数值可以调整画笔的笔尖大小。
- 硬度：用来设置画笔笔尖的硬度。硬度值低于100% 可以得到柔角笔尖，如图 4-19 所示。

硬度为0%的柔角笔尖　硬度为50%的柔角笔尖　硬度为100%的硬角笔尖

图4-19

- 模式：在下拉列表中可以选择画笔笔迹颜色与下面像素的混合模式。
- 不透明度：用来设置画笔的不透明度，该值越低，线条的透明度越高。
- 流量：用来设置当光标移动到某个区域上方时应用颜色的速率。在某个区域上方涂抹时，如果一直按住鼠标按键，颜色将根据流动速率增加，直至达到不透明度设置。
- 喷枪 ：按下该按钮，可以启用喷枪功能，Photoshop 会根据鼠标按键的单击程度确定画笔线条的填充数量。例如，未启用喷枪时，鼠标每单击一次便填充一次线条；启用喷枪后，按住鼠标左键不放，便可持续填充线条。
- 绘图板压力按钮 ：按下这两个按钮后，数位板绘画时，光笔压力可覆盖"画笔"面板中的不透明度和大小设置。

小技巧：画笔工具使用技巧

- 按下 [键可将画笔调小，按下] 键则调大。对于实边圆、柔边圆和书法画笔，按下Shift+[键可减小画笔的硬度，按下 Shift+]键则增加硬度。
- 按下键盘中的数字键可调整画笔工具的不透明度。例如，按下 1，画笔不透明度为10%；按下 75，不透明度为 75%；按下 0，不透明度会恢复为 100%。
- 使用画笔工具时，在画面中单击，然后按住 Shift 键单击画面中任意一点，两点之间会以直线连接。按住 Shift 键还可以绘制水平、垂直或以 45° 角为增量的直线。

4.2.6　用滤镜编辑蒙版

Photoshop 中的绝大多数滤镜都可以用来处理蒙版。只是有一点需要注意，在使用滤镜前，一定先要确认当前选择的是图层蒙版，如图 4-20 所示，否则滤镜将应用于图像，而不是蒙版。

图4-20

- 羽化：执行"滤镜 > 模糊 > 高斯模糊"命令，对蒙版进行模糊处理后，可以生成类似于羽化选区的效果，如图 4-21 所示。

图4-21

- 消除羽化：如果要使蒙版中模糊的边缘变得清晰，可以使用"图像 > 调整 > 阈值"命令进行处理。
- 扩展蒙版范围：执行"滤镜 > 其他 > 最小值"命令，可以扩大蒙版的遮盖范围，隐藏更多的图像。

● 收缩蒙版范围：执行"滤镜 > 其他 > 最大值"命令，可以收缩蒙版范围，使当前图层中更多的图像显示出来。

● 创建特殊遮盖效果："玻璃"、"水波"、"拼贴"、"波浪"、"凸出"滤镜等滤镜都可以扭曲蒙版中的灰度图像，使蒙版产生特殊的遮盖效果。如图 4-22 所示为使用"拼贴"滤镜编辑蒙版后的效果。

图4-22

4.3 高级技巧：虚实结合、跃然而出

Photoshop 的蒙版是图像合成的利器，它能够将我们的奇思妙想展现在电脑屏幕上，为实现我们独特的创意提供无限的可能。例如，在如图 4-23 所示的作品中，汽车人首领擎天柱从纸面上跃然而出，通过影像合成技术将虚拟与现实结合，使画面更具视觉震撼力，图层蒙版在这中间发挥了关键作用，如图 4-24 所示。

图4-26

选择并显示中间的图层，按下 Ctrl+T 快捷键显示定界框，按住 Ctrl 键拖动控制点，对图像进行变形处理，如图 4-27 所示。用"绘图笔"滤镜将图像处理成为铅笔素描效果，用画笔工具 ✐ 在图像上涂抹黑色，将部分图像隐藏起来，如图 4-28 所示。显示另一个变形金刚图层，对图像进行扭曲，并在其下方绘制阴影，如图 4-29 所示。

图4-23　　　　　　　　图4-24

如图 4-25 所示为擎天柱素材，将它选中并拖入一个手握铅笔的素材中。添加蒙版，用画笔工具 ✐ 将部分图像隐藏，如图 4-26 所示。

图4-25

图4-27

图4-28

图4-29

4.4 高级技巧：用自定义画笔塑造形象

在 Photoshop 中，我们可以将任何图像可以定义为画笔，再用这样的笔尖绘画。例如，如图 4-30 所示的气泡组成的蜡笔小新便是通过这种方法绘制出来的。气泡笔尖是用如图 4-31 所示的图像定义的，首先用椭圆选框工具 ⬭ 选中圆形图像，执行"编辑 > 定义画笔预设"命令，打开"画笔名称"对话框，输入画笔名称，如图 4-32 所示，单击"确定"按钮，即可完成画笔的定义。

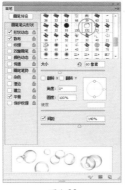

图4-33

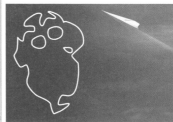

图4-34

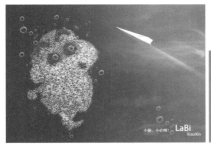

图4-30

图4-31

图4-32

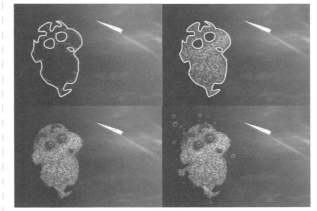

图4-35

选择画笔工具 ✎，在"画笔"面板中找到自定义的画笔笔尖并调整参数，如图 4-33 所示，绘制蜡笔小新时最好有一个底稿作为参考，如图 4-34 所示，在它上方铺满气泡，如图 4-35 所示。

如图 4-36 所示的由数字组成的肖像也是采用自定义的画笔绘制的，中间过程如图 4-37、图 4-38 所示。

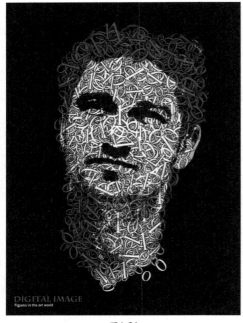

图4-36

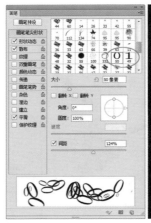

图4-37　　　　　　　　　　图4-38

> **提示：**
>
> 　　自定义的笔尖是黑白效果的，没有色彩。我们需要设定前景色才能让画笔绘制出色彩。

4.5　高级技巧：用数位板作画

　　使用电脑绘画有一个很大的困扰，就是鼠标不能像画笔一样听话。鼠标毕竟不是为绘画而专门设计的，因此不免有许多局限。对于专业的绘画和数码艺术创作者来说，最好的绘画方式就是配备一个数位板，在数位板上作画。

　　数位板由一块画板和一只无线的压感笔组成，就像是画家的画板和画笔，如图 4-39 所示(Wacom 影拓数位板)。我们使用压感笔在数位板上作画时，随着笔尖在画板上着力的轻重、速度、角度的改变，绘制出的线条就会产生粗细、浓淡等变化，与在纸上画画的感觉几乎没有任何分别，如图4-40所示。

　　数位板一般都提供驱动程序，安装驱动以后，就可以在 Photoshop 使用它绘画了。用数位板创作出的作品，如油画、水彩画、素描、聚丙烯等，完全可以媲美传统工具绘制的效果。

> **小知识：怎样配置一款适合自己的数位板**
>
> 　　Wacom是最专业的数位板生产厂商。该公司针对不同的用户推出了不同功能和价位的数位板，学生和入门级用户可以选择丽图系列（价格在￥500以内）；CG爱好者和美术专业的学生可以选择贵凡系列（￥1500以内）；专业的画家和资深的CG用户一般使用影拓系列（￥1000 ~ ￥5000），这种数位板具有1024级的压感，可以感知手腕的各种细微动作，对于压力、方向、倾斜度等具有精确的灵敏度，能够表现出各种真实的笔触。另外还有更加高端的液晶数位屏系列（￥10000 ~ 38000）。

图4-39　　　　　　　　图4-40

4.6 通道

4.6.1 通道的种类

通道是 Photoshop 最为核心的功能之一，它用来保存图像的颜色信息和选区。相对于其他的功能来说，通道的概念较为抽象，但在抠图、调色和制作特效方面，通道却具有其他功能无法比拟的优势，因此学好通道是非常重要的。

Photoshop 中包含 3 种类型的通道，即颜色通道、专色通道和 Alpha 通道。当我们打开一个图像时，Photoshop 会自动创建颜色信息通道，如图 4-41、图 4-42 所示。

图4-41

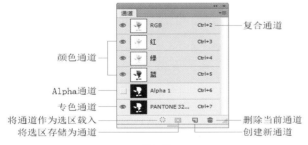

图4-42

- 复合通道：复合通道是红、绿和蓝色通道组合的结果。我们平常所进行的操作都是针对于复合通道的，编辑复合通道时，将影响所有的颜色通道。
- 颜色通道：颜色通道就像是摄影胶片，它们记录了图像内容和颜色信息。图像的颜色模式不同，颜色通道的数量也不相同，例如，RGB图像包含红、绿、蓝和一个用于编辑图像内容的复合通道；CMYK图像包含青色、洋红、黄色、黑色和一个复合通道。
- 专色通道：专色通道用来存储专色。专色是特殊的预混油墨，例如金属质感的油墨、荧光油墨等，它们用于替代和补充普通的印刷油墨。专色通道的名称直接显示为油墨的名称，例如，图 4-42 所示的通道内的专色为 PANTONE 3295C。
- Alpha 通道：Alpha 通道有三种用途，一是用于保存选区；二是可以将选区存储为灰度图像，这样我们就能够用画笔、加深、减淡等工具以及各种滤镜，通过编辑 Alpha 通道来修改选区；三是我们可以从 Alpha 通道中载入选区。

4.6.2 通道的基本操作

- 选择通道：单击"通道"面板中的一个通道即可选择该通道，文档窗口中会显示所选通道的灰度图像，如图 4-43 所示。按住 Shift 键单击其他通道，可以选择多个通道，此时窗口中会显示所选颜色通道的复合信息。
- 返回到 RGB 复合通道：选择通道后，可以使用绘画工具和滤镜对它们进行编辑。当编辑完通道后，如果想要返回到默认的状态来查看彩色图像，可单击 RGB 复合通道，这时，所有颜色通道重新被激活，如图 4-44 所示。

图4-43

图4-44

- 复制与删除通道：将一个通道拖动到"通道"面板底部的 🗋 按钮上，可以复制该通道。将一个通道拖动到 🗑 按钮上，则可删除该通道。复合通道不能复制，也不能删除。颜色通道可以复制，但如果删除了，图像就会自动转换为多通道模式。

4.7　高级技巧：通道与选区的关系

Alpha通道可以将选区转化为灰度图像，存储于通道中。这种转变具有非常重要的意义，选区在Alpha通道中是一种与图层蒙版类似的灰度图像，我们可以像编辑蒙版或其他图像那样使用绘画工具、调整工具、滤镜、选框和套索工具，甚至矢量的钢笔工具来编辑它，而不必仅仅局限于原有的选区编辑工具（如套索、"选择"菜单中的命令）。也就是说，有了Alpha通道，几乎所有的抠图工具、选区编辑命令、图像编辑工具都能用于编辑选区。

在Alpha通道中，白色代表了可以被完全选中的区域；灰色代表了可以被部分选中的区域，即羽化的区域；黑色则代表了位于选区之外的区域。如图4-45所示为使用Alpha通道中的选区抠出的图像，如果要扩展选区范围，可以用画笔等工具在通道中涂抹白色；如果要增加羽化范围，可以涂抹灰色；如果要收缩选区范围，则涂抹黑色。

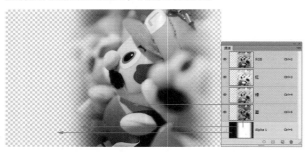

图4-45

再来看一个用通道抠冰雕的范例，如图4-46所示。观察它的通道，如图4-47～图4-49所示，可以看到，绿通道中冰雕的轮廓最明显。

RGB图像　　　红通道　　　绿通道　　　蓝通道
图4-46　　　图4-47　　　图4-48　　　图4-49

对该通道应用"计算"命令，混合模式设置为"正片叠底"，如图4-50所示。可以看到，绿通道经过混合之后，冰雕的细节更加丰富了，与背景的色调对比更加清晰了，如图4-51所示。如图4-52、图4-53所示为抠出后的冰雕。

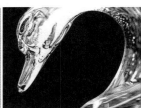

图4-50　　　　　　　　　　图4-51

图4-52　　　　　　　　　　图4-53

4.8　高级技巧：通道与色彩的关系

图像的颜色信息保存在通道中，因此，使用任何一个调色命令调整颜色时，都是通过通道来影响色彩的。

在颜色通道中，灰色代表了一种颜色的含量，亮的区域表示包含大量对应的颜色，暗的区域表示对应的颜色较少，如图4-54所示。如果要在图像中增加某种颜色，可以将相应的通道调亮；要减少某种颜色，将相应的通道调暗。"色阶"和"曲线"对话框中都包含通道选项，我们可以选择一个通道，调整它的明度，从而影响颜色。例如，将红通道调亮，可以增加红色，如图4-55所示；将红通道调暗，则减少红色，如图4-56所示。将绿通道调亮，可以增加绿色；调暗则减少绿色。将蓝通道调亮，可以增加蓝色；调暗则减少蓝色。

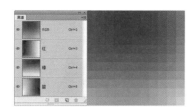

图4-54

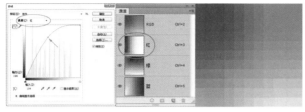

图4-55

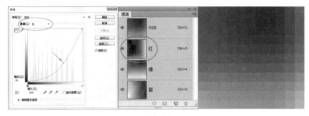

图4-56

在颜色通道中，色彩还可以互相影响，增加一种颜色含量的同时，还会减少它的补色的含量；反之，减少一种颜色的含量，就会增加它的补色的含量。例如，将红色通道调亮，可增加红色，并减少它的补色青色；将红色通道调暗，则减少红色，同时增加青色。其他颜色通道也是如此。如图 4-57、如图 4-58 所示的色轮和色相环显示了颜色的互补关系，处于相对位置的颜色互为补色，如洋红与绿、黄与蓝。

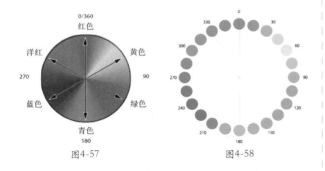

图4-57　　　　　图4-58

4.9　矢量蒙版实例：祝福

● 菜鸟级　● 玩家级　● 专业级

● 实例类型：技术提高型

● 难易程度：★ ★ ☆

● 实例描述：将路径转换为矢量蒙版，对图像进行遮盖。

①按下 Ctrl+O 快捷键，打开光盘中的素材文件，如图 4-59 所示，这是一个分层素材，在"图层 1"上单击，将其选择，如图 4-60 所示。

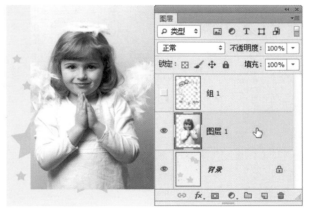

图4-59　　　　　　　　图4-60

②选择自定形状工具 ，在工具选项栏中选择"路径"选项，打开形状下拉面板，选择心形图形，如图 4-61 所示。绘制该图形，如图 4-62 所示。

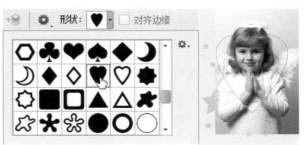

图4-61　　　　　　　　图4-62

③执行"图层 > 矢量蒙版 > 当前路径"命令，基于当前路径创建矢量蒙版，将路径以外的区域隐藏，如图 4-63、图 4-64 所示。

图4-63　　　　　　图4-64

④双击"图层 1"，打开"图层样式"对话框，在左侧列表中选择"描边"选项，为该图层添加白色的描边效果，如图 4-65、图 4-66 所示。

图4-66

⑤在"组 1"图层的眼睛图标 👁 处单击，将该图层显示出来，如图 4-67、图 4-68 所示。

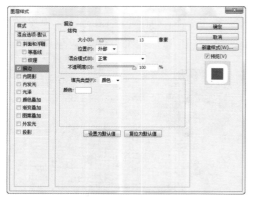

图4-65

图4-67　　　　　　图4-68

4.10　剪贴蒙版实例：神奇的放大镜

● 菜鸟级　● 玩家级　● 专业级
● 实例类型：技术提高型
● 难易程度：★ ★ ★ ☆
● 实例描述：巧妙利用剪贴蒙版控制图像的显示区域，模拟使用放大镜观察图像时，镜片下方出现另一幅图像的神奇效果。

①按下 Ctrl+O 快捷键，打开光盘中的素材文件，如图 4-69、图 4-70 所示。

图4-69　　　　　　　　　图4-70

②选择移动工具 ，按住 Shift 键将红色汽车拖动到绿色汽车文档中，在"图层"面板中自动生成了"图层 1"，如图 4-71、图 4-72 所示。

图4-71　　　　　　　　　图4-72

▼ 提示：

　　将一个图像拖入另一个文档时，按下Shift键可以使拖入的图像位于该文件的中心。

③打开一个文件，如图 4-73 所示。选择魔棒工具 ，在放大镜的镜片处单击，创建选区，如图 4-74 所示。

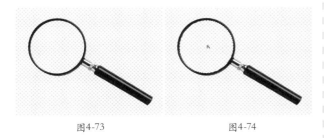

图4-73　　　　　　　　　图4-74

④单击"图层"面板底部的 按钮，新建一个图层。按下 Ctrl+Delete 快捷键在选区内填充背景色（白色），按下 Ctrl+D 快捷键取消选择，如图 4-75、图 4-76 所示。

图4-75　　　　　　　　　图4-76

⑤按住 Ctrl 键单击"图层 0"和"图层 1"，将它们选择，如图 4-77 所示，使用移动工具 拖入到汽车文档中。单击链接图层按钮 ，将两个图层链接在一起，如图 4-78、图 4-79 所示。

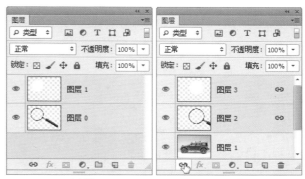

图4-77　　　　　　　　　图4-78

图4-79

▼ 提示：

　　链接图层后，对其中的一个图层进行移动、旋转等变换操作时，另外一个图层也同时变换，这将在后面的操作中将发挥重要的作用。

6 选择"图层 3"，将它拖动到"图层 1"的下面，如图 4-80、图 4-81 所示。

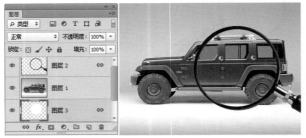

图4-80　　　　　　　　图4-81

图4-84

7 按住 Alt 键，将光标移放在分隔"图层 3"和"图层 1"的线上，此时光标显示为 ↓□ 状，如图 4-82 所示，单击鼠标创建剪贴蒙版，如图 4-83、图 4-84 所示。现在放大镜下面显示的是另外一辆汽车。

8 选择移动工具 ，在画面中单击并拖动鼠标，移动"图层 3"，放大镜下面总是显示另一辆汽车，画面效果生动而有趣，如图 4-85、如图 4-86 所示。

图4-85　　　　　　　　图4-86

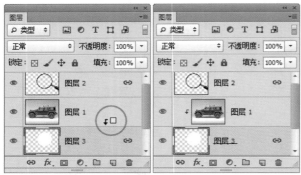

图4-82　　　　　　　　图4-83

4.11　图层蒙版实例：甲壳虫鼠标

● 菜鸟级　● 玩家级　● 专业级

● 实例类型：技术提高型

● 难易程度：★ ★ ★ ☆

● 实例描述：通过蒙版将甲壳虫汽车与鼠标合成在一起，制作出酷酷的，会跑的鼠标。

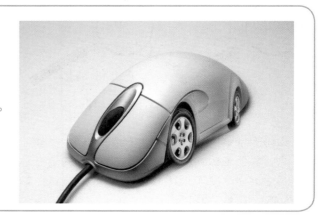

① 打开光盘中的素材文件，如图 4-87、图 4-88 所示。使用移动工具 ➤ 将甲壳虫汽车拖入鼠标文档中，生成"图层 1"，将它的不透明度设置为 30%，以便对汽车进行变形操作时能够准确地观察到鼠标。

图4-87　　　　　　　　图4-88

② 按下 Ctrl+T 快捷键显示定界框，然后按下 Ctrl+"-"快捷键缩小窗口的显示比例，让定界框完全显示出来，如图 4-89 所示。按住 Ctrl 键拖动定界框四周的控制点对图像进行变形，使汽车的透视角度与鼠标相符，如图 4-90 所示。按下回车键确认操作，按下 Ctrl+"+"快捷键放大窗口。

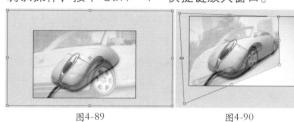

图4-89　　　　　　　　图4-90

③ 单击"图层"面板中的 ▢ 按钮，为图层添加蒙版，白色蒙版不会遮盖图像。选择柔角画笔工具 ✔，在汽车上涂抹黑色，用蒙版遮盖图像，如图 4-91、图 4-92 所示。

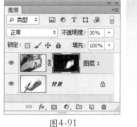

图4-91　　　　　　　　图4-92

④ 将"图层 1"的不透明度调整为 100%，效果如图 4-93 所示。按下 X 键将前景色切换为白色，在车轮处涂抹，使车轮处被隐藏的图像显示出来，如图 4-94 所示。

图4-93　　　　　　　　图4-94

⑤ 图像的合成工作已经完成了，为了使效果更加真实，可以再调整一下汽车的颜色，使它与鼠标的颜色相匹配。按住 Ctrl 键单击蒙版缩览图，载入它的选区，如图 4-95、图 4-96 所示。

图4-95　　　　　　　　图4-96

⑥ 单击"调整"面板中的 ◑ 按钮，创建"色彩平衡"调整图层，设置参数如图 4-97 所示。选区会自动转换到调整图层的蒙版中，使调整图层只对选中的图像有效，效果如图 4-98 所示。

图4-97　　　　　　　　图4-98

4.12　通道实例：爱心水晶

- ●菜鸟级　●玩家级　●专业级
- ●实例类型：技术提高型
- ●难易程度：★★★☆
- ●实例描述：在通道中制作选区，将其载入到图像中，基于选区创建蒙版，将 Baby 合成到吊坠中。

① 按下 Ctrl+O 快捷键，打开光盘中的素材文件，如图 4-99 所示。先在通道中制作选区，将心形吊坠的高光的中间色调选中。打开"通道"面板，将绿通道拖动到创建新通道按钮 □ 上复制，得到绿副本通道，如图 4-100 所示。

图4-99   图4-100

② 按下 Ctrl+L 快捷键，打开"色阶"对话框，拖动滑块增加对比度，如图 4-101、图 4-102 所示。

图4-101   图4-102

③ 选择柔角画笔工具 ，如图 4-103 所示，将前景色设置为白色，用画笔将心形吊坠意外的图像都涂为白色，如图 4-104 所示。按下 Ctrl+2 快捷键，返回到 RGB 主通道，重新显示彩色图像。

图4-103   图4-104

④ 打开光盘中的素材文件，如图 4-105 所示。使用移动工具 将它拖入到吊坠文档中，如图 4-106 所示。

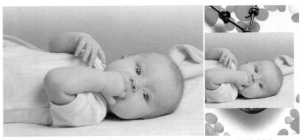

图4-105   图4-106

⑤ 按住 Ctrl 键单击绿副本通道，如图 4-107 所示，载入该通道中的选区，如图 4-108 所示。

⑥ 按住 Alt 键单击"图层"面板底部的 □ 按钮，基于选区创建一个反相的蒙版，如图 4-109、图 4-110 所示。

图4-107   图4-108

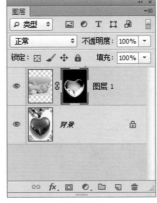

图4-109   图4-110

提示：

　　通道中的白色区域可以载入选区；灰色区域可以载入带有羽化的选区；黑色区域不包含选区。

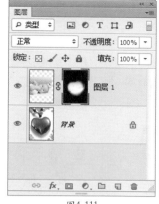

图4-111　　　　　　　　图4-112

⑦选择柔角画笔工具 ✏️，在吊坠周围涂抹黑色，将 Baby 图像隐藏，让吊坠显示出更多的内容，使合成效果更加真实，如图 4-111、图 4-112 所示。如果要隐藏吊坠图像，可以按下 X 键，将前景色切换为白色，用白色涂抹。

4.13　封面设计实例：时尚解码

● 菜鸟级 ● 玩家级 ● 专业级
● 实例类型：封面设计
● 难易程度：★ ★ ★ ★
● 实例描述：本实例介绍怎样使用"调整边缘"命令和图层蒙版抠图，制作出一个时尚杂志的封面。还要用到调色工具对人物的肤色进行校正。

①按下 Ctrl+O 快捷键，打开光盘中的素材文件，如图 4-113 所示。使用快速选择工具 ✒️ 在模特身上单击并拖动鼠标创建选区，如图 4-114 所示。如果有漏选的地方，可以按住 Shift 键在其上涂抹，将其添加到选区中。多选的地方，可按住 Alt 键涂抹，将其排除到选区之外。

图4-113　　　　　　　　图4-114

②现在看起来似乎模特被轻而易举地选中了，不过，目前的选区还不精确。我们可以按下Ctrl+J快捷键将选中的图像复制到一个新的图层中，再将"背景"图层隐藏，在透明背景上观察就会发现问题，人物轮廓有残缺、边缘还有残留的背景图像，如图4-115、图4-116所示。

图4-115　　　　　　　图4-116

③下面来加工选区。单击工具选项栏中的"调整边缘"按钮，打开"调整边缘"对话框。先在"视图"下拉列表中选择一种视图模式，以便更好地观察选区的调整结果，如图4-117、图4-118所示。

④在"输出到"下拉列表中选择"新建带有图层蒙版的图层"选项，单击"确定"按钮，将选中的图像复制到一个带有蒙版的图层中，完成抠图操作，如图4-119、图4-120所示。

图4-117　　　　　　　图4-118

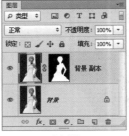

图4-119　　　　　　　图4-120

> **提示：**
>
> 　　"调整边缘"对话框中有两个工具，它们可以对选区进行细化修改。例如，用它们涂抹毛发，可以向选区中加入更多的细节。其中，调整半径工具可以扩展检测的区域；抹除调整工具可以恢复原始的选区边缘。

⑤选择"背景"图层。选择渐变工具，在工具选项栏中按下径向渐变按钮，填充白色-灰色径向渐变，如图4-121、图4-122所示。

⑥选择横排文字工具**T**，在"字符"面板中设置字体、大小和颜色，如图4-123所示，在画面中单击并输入文字，如图4-124所示。

图4-121　　　　　　　图4-122

图4-123　　　　　　　图4-124

⑦选择"背景副本"图层，单击"调整"面板中的按钮，在该图层上方创建"曲线"调整图层，拖动曲线将画面的色调调亮，按下Alt+Ctrl+G快捷键创建剪贴蒙版，使调整图层只影响其下方的人物层，而不会影响其他图层，如图4-125～图4-127所示。

图4-125

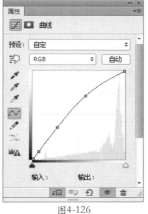

图4-126

图4-127

⑧单击"调整"面板中的 📷 按钮，创建"色相/饱和度"调整图层，调整人物的肤色，然后按下 Alt+Ctrl+G 快捷键创建剪贴蒙版，如图 4-128 ~ 图 4-130 所示。

图4-128

图4-129

图4-130

⑨单击"调整"面板中的 📷 按钮，创建"可选颜色"调整图层，在"颜色"下拉列表中选择"中性色"，调整中性色的色彩平衡，让画面的色调变冷，如图 4-131 ~ 图 4-133 所示。

图4-131

图4-132

图4-133

⑩按下 Ctrl+J 快捷键，复制该调整图层，然后单击"属性"面板底部的 ⟲ 按钮，将参数恢复为默认值，然后选择"白色"进行调整，在白色的婚纱中加入蓝色，如图 4-134 ~ 图 4-136 所示。

图4-134

图4-135

图4-136

⑪使用快速选择工具 ◢ 选中裙子，如图 4-137 所示，按下 Shift+Ctrl+I 快捷键反选，再按下 Alt+Delete 快捷键，在蒙版中填充黑色，按下 Ctrl+D 快捷键取消选择，如图 4-138、图 4-139 所示。

图4-137

图4-138

图4-139

⑫使用横排文字工具 T 在画面右下角输入文字，如图 4-140、图 4-141 所示。双击该文字图层，打开"图层样式"对话框，添加"投影"效果，如图 4-142、图 4-143 所示。

图4-140

图4-141

图4-142   图4-143

⑬打开一个素材文件，如图 4-144 所示，使用移动工具 ▶₊ 将图形和条码拖入到封面文档中，如图 4-145 所示。最后，使用横排文字工具 T 再输入一些文字，增加画面的信息量，如图 4-146 所示。

图4-144

图4-145

图4-146

4.14 拓展练习：如此瑜伽

● 菜鸟级　● 玩家级　● 专业级
实例类型：特效设计
视频位置：光盘 > 视频 >4.14

打开光盘中的素材文件，如图 4–147、图 4–148 所示。在"小狗"图层上创建蒙版，使用画笔工具 ✎ 将小狗的后腿和尾巴涂成黑色，将其隐藏，如图 4–149、图 4–150 所示。

图4-147

图4-148

图4-149

图4-150

按住 Alt 键向下拖动"小狗"图层进行复制，单击蒙版缩览图，将蒙版填充白色，如图 4–151 所示。使小狗全部显示的画面中。按下 Ctrl+T 快捷键显示定界框，拖动定界框将小狗旋转，再适当缩小图像，如图 4–152 所示。按下回车键确认操作。在蒙版中涂抹黑色，只保留一条后腿，其余部分全部隐藏，如图 4–153、图 4–154 所示。

图4-151

图4-152

图4-153

图4-154

再次复制当前图层，编辑蒙版并调整一下腿的位置，如图 4–155、图 4–156 所示。通过"曲线"命令将两条后腿调得暗一些，练瑜珈的小狗就制作完成了。

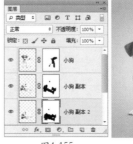

图4-155

图4-156

第05章
影楼后期必修课：修图与调色

5.1 关于摄影后期处理

从 1826 年法国科学家尼埃普斯将感光材料放入暗箱，拍摄了现存最早的永久影像起，摄影就改变了人们的生活。有人希望用相机记录生活中的精彩瞬间；有人将摄影作为自己的爱好；有人将摄影作为自己的职业；有人将摄影作为一种自我表达的方式，以此展现他的创造力和对世界的看法。

当我们使用数码相机完成拍摄以后，总会有一些遗憾和不尽如人意的地方，如普通用户会发现照片的曝光不准缺少色调层次、ISO 设置过高出现杂色、美丽的风景中有多余的人物、照片颜色灰暗色彩不鲜亮、人物脸上的痘痘和雀斑影响美观等；专业的摄影师或影楼工作人员会面临照片的影调需要调整、人像需要磨皮和修饰、色彩风格需要表现、艺术氛围需要营造等难题……这一切都可以通过后期处理来解决。

后期处理不仅可以解决数码照片中出现的各种问题，也为摄影师和摄影爱好者提供了二次创作的机会和可以发挥创造力的大舞台。传统的暗房会受到许多摄影技术条件的限制和影响，无法制作出完美的影像。电脑的出现给摄影技术带来了革命性的突破，通过计算机可以完成过去无法用摄影技法实现的创意。如图 5-1 ~ 图 5-3 所示为巴西艺术家 Marcela Rezo 的摄影后期作品。

图5-2　　　　　　　　图5-3

如图 5-4、图 5-5 所示为瑞典杰出视觉艺术家埃里克·约翰松的摄影后期作品。图 5-6 所示为法国天才摄影师 Romain Laurent 的作品，他的广告创意摄影与时装编辑工作非常的出色，润饰技巧让人印象深刻。

图5-4　　　　　　　　图5-5

图5-6

图5-1

小知识：摄影术的诞生时间

1826年，法国科学家尼埃普斯将感光材料放入暗箱，拍摄了现存最早的永久影像，这是关于摄影的最早的实验，但由于他采用的沥青感光法远不具备使用的价值，加上没有公布和申请专利，所以摄影术的诞生又延后了十多年。1839年8月19日，法国科学学术院向全世界公布了法国科学家达盖尔的银版法摄影术，被人们公认为摄影术诞生的一年。

5.2　修图工具

5.2.1　照片修饰工具

● 仿制图章工具 ：可以从图像中拷贝信息，将其应用到其他区域或者其他图像中，常用于复制图像内容或去除照片中的缺陷。选择该工具后，在要拷贝的图像区域上按住Alt键单击进行取样，然后放开Alt键在需要修复的区域涂抹即可。例如图5-7、图5-8所示为使用该工具将女孩身后多余的人像去除的效果。

图5-7　　　　　　　　　　图5-8

● 修复画笔工具 ：与仿制工具类似，它也可以利用图像或图案中的样本像素来绘画。但该工具可以从被修饰区域的周围取样，并将样本的纹理、光照、透明度和阴影等与所修复的像素匹配，在去除照片中的污点和划痕时，人工痕迹不明显。例如，将光标放在眼角附近没有皱纹的皮肤上，按住Alt键单击进行取样，如图5-9所示，放开Alt键，在眼角的皱纹处单击并拖动鼠标即可将皱纹抹除，如图5-10所示。

图5-9　　　　　　　　　　图5-10

● 污点修复画笔工具 ：在照片中的污点、划痕等处单击即可快速去除不理想的部分，如图5-11、图5-12所示。它与修复画笔的工作方式类似，也是使用图像或图案中的样本像素进行绘画，并将样本像素的纹理、光照、透明度和阴影与所修复的像素相匹配。

图5-11　　　　　　　　　　图5-12

● 修补工具 ：与修复画笔工具类似，该工具也可以用其他区域或图案中的像素来修复选中的区域，并将样本像素的纹理、光照和阴影与源像素进行匹配。它的特别之处是需要用选区来定位修补范围，如图5-13、图5-14所示。

图5-13　　　　　　　　　　图5-14

● 内容感知移动工具 ：用其将选中的对象移动或扩展到图像的其他区域后，可以重组和混合对象，产生出色的视觉效果。如图5-15所示为使用该工具选取的图像，在工具选项栏中将"模式"设置为"移动"后，将光标放在选区内单击并将小鸭子移动到新位置，Photoshop会自动填充空缺的部分，如图5-16所示；如果将"模式"设置为"扩展"，则可复制出新的小鸭子，如图5-17所示。

图5-15

图5-16　　　　　　　　　　图5-17

● 红眼工具 +☉：可以去除用闪光灯拍摄的人物照
片中的红眼，以及动物照片中的白色或绿色反
光。选择该工具后，在红眼区域上单击即可校
正红眼，如图 5-18、图 5-19 所示。

图5-23　　　　图5-24　　　　图5-25

图5-18　　　　　　　图5-19

5.2.2　照片曝光调整工具

在调节照片特定区域曝光度的传统摄影技术
中，摄影师通过减弱光线以使照片中的某个区域变
亮（减淡），或增加曝光度使照片中的区域变暗（加
深）。Photoshop 中的减淡工具 🔍 和加深工具 ◔ 正
是基于这种技术，可用于处理照片的局部曝光。例
如图 5-20 所示为一张照片原片，如图 5-21 所示
为使用减淡工具 🔍 处理后的效果。如图 5-22 所示
为使用加深工具 ◔ 处理后的效果。

图5-20　　　　图5-21　　　　图5-22

5.2.3　照片模糊和锐化工具

模糊工具 ◌ 可以柔化图像，减少图像的细节，
可以创建景深效果，如图 5-23、图 5-24 所示为
原图及用该工具处理后的效果；锐化工具 △ 可以增
强相邻像素之间的对比，提高图像的清晰度，如图
5-25 所示。这两个工具适合处理小范围内的图像
细节，如果要对整幅图像进行处理，可以使用"模糊"
和"锐化"滤镜。

5.3　调色工具

5.3.1　调色命令与调整图层

Photoshop 的"图像"菜单中包含用于调整图
像色调和颜色的各种命令，如图 5-26 所示。其中，
一部分常用的命令也通过"调整"面板提供给了用
户，如图 5-27 所示。因此，我们可以通过两种方
式来使用调整命令，第一种是直接用"图像"菜单
中的命令来处理图像，第二种是使用调整图层来应
用这些调整命令。这两种方式可以达到相同的调整
结果。它们的不同之处在于："图像"菜单中的命
令会修改图像的像素数据，而调整图层则不会修改
像素，它是一种非破坏性的调整功能。

图5-26

图5-27

例如图 5-28 所示为原图像，假设我们要用
"色相/饱和度"命令调整它的颜色。如果使用"图
像 > 调整 > 色相/饱和度"命令来操作，"背景"
图层中的像素就会被修改，如图 5-29 所示。如果
使用调整图层操作，则可在当前图层的上面创建一

个调整图层，调整命令通过该图层对下面的图像产生影响，调整结果与使用"图像"菜单中的"色相/饱和度"命令完全相同，但下面图层的像素却没有任何变化，如图 5-30 所示。

图 5-28

图 5-29

图 5-30

使用"调整"命令调整图像后，效果就不能改变了。而调整图层则不然，只要单击它，便可在"调整"面板中修改参数，如图 5-31 所示。隐藏或删除调整图层，可以使图像恢复为原来的状态，如图 5-32 所示。

图 5-31

图 5-32

5.3.2 亮度/对比度命令

"亮度/对比度"命令可以对图像的色调范围进行调整。打开一张照片，如图 5-33 所示，执行"图像 > 调整 > 亮度/对比度"命令，打开"亮度/对比度"对话框，如图 5-34 所示，向左拖动滑块可降低亮度和对比度，如图 5-35 所示；向右拖动滑块可增加亮度和对比度，如图 5-36 所示。勾选"使用旧版"选项，对比度会增强，但会丢失更多的细节。

图 5-33　　　　　　　　　　图 5-34

图 5-35　　　　　　　　　　图5-36

5.3.3 色相/饱和度命令

色相是指色彩的相貌，如光谱中的红、橙、黄、绿、蓝、紫为基本色相；饱和度是指色彩的鲜艳程度；明度是指色彩的明暗度。"色相/饱和度"命令可以对色相、饱和度和明度进行单独调整。

打开一张照片，如图 5-37 所示，执行"图像 > 调整 > 色相/饱和度"命令，打开"色相/饱和度"对话框。默认状态下可以对图像的整体色彩进行调整，如图 5-38、图 5-39 所示。

图5-37

图5-38

图5-39

单击▾按钮，在下拉列表可以选择一个选项，可以只调整红色、黄色、绿色和青色等颜色的色相、饱和度和明度。例如，选择黄色进行调整时，只影响枫叶，不会影响天空，如图5-40、图5-41所示。勾选"着色"复选框，可以将图像转换为单色。

图5-40

图5-41

5.3.4　色阶

"色阶"是 Photoshop 最重要的调整工具之一，它可以调整图像的阴影、中间调和高光的强度级别，校正色调范围和色彩平衡。打开一张照片，如图 5-42 所示，执行"图像 > 调整 > 色阶"命令，打开"色阶"对话框，如图 5-43 所示。

图5-42

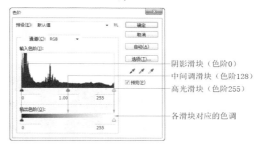

阴影滑块（色阶0）
中间调滑块（色阶128）
高光滑块（色阶255）

各滑块对应的色调

图5-43

在"输入色阶"选项组中，阴影滑块位于色阶 0 处，它所对应的像素是纯黑的。如果我们向右移动阴影滑块，Photoshop 就会将滑块当前位置的像素值映射为色阶"0"。也就是说，滑块所在位置左侧的所有像素都会变为黑色，如图 5-44 所示。高光滑块位于色阶 255 处，它所对应的像素是纯白的。如果向左移动高光滑块，滑块当前位置的像素值就会映射为色阶"255"，因此，滑块所在位置右侧的所有像素都会变为白色，如图 5-45 所示。

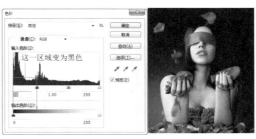

图5-44

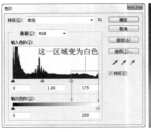

图5-45

中间调滑块位于色阶 128 处，它用于调整图像中的灰度系数。将该滑块向左侧拖动，可以将中间调调亮，如图 5-46 所示；向右侧拖动，则可将中间调调暗，如图 5-47 所示。

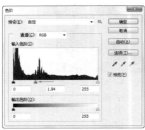

图5-46

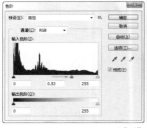

图5-47

"输出色阶"选项组中的两个滑块用来限定图像的亮度范围。向右拖动暗部滑块时，它左侧的色调都会映射为滑块当前位置的灰色，图像中最暗的色调也就不再是黑色了，色调就会变灰；如果向左移动白色滑块，它右侧的色调都会映射为滑块当前位置的灰色，图像中最亮的色调就不再是白色了，色调就会变暗。

 小技巧：通过灰点校正色偏

使用数码相机拍摄时，需要设置正确的白平衡才能使照片准确还原色彩，否则会导致颜色出现偏差。此外，室内人工照明对拍摄对象产生影响、照片由于年代久远而褪色、扫描或冲印过程中也会产生色偏。设置灰点工具 可以快速校正

色偏。选择该工具后，在照片中原本应该是灰色或白色区域（如灰色的道路、白色衬衫等）单击，Photoshop会根据单击点像素的亮度来调整其他中间色调的平均亮度，从而校正色偏。

照片颜色偏蓝　　在耳环高光处单击　　校正后的照片

如果使用设置黑场工具 在图像中单击，则可将单击点的像素调整为黑色，原图中比该点暗的像素也变为黑色。使用设置白场工具 在图像中单击，可以将单击点的像素调整为白色，比该点亮度值高的像素也都会变为白色。

5.3.5 曲线

"曲线"是 Photoshop 中最强大的调整工具，它整合了"色阶"、"阈值"、"亮度 / 对比度"等多个命令的功能。打开一张照片，如图 5-48 所示，执行"图像 > 调整 > 曲线"命令，打开"曲线"对话框，如图 5-49 所示。在曲线上单击可以添加控制点，拖动控制点改变曲线的形状便可以调整图像的色调和颜色。单击控制点可将其选择，按住 Shift 键单击可以选择多个控制点。选择控制点后，按下 Delete 键可将其删除。

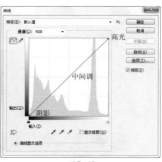

图5-48　　　　　　　　　　图5-49

水平的渐变颜色条为输入色阶，它代表了像素的原始强度值，垂直的渐变颜色条为输出色阶，它代表了调整曲线后像素的强度值。调整曲线以前，这两个数值是相同的。在曲线上单击，添加一个控制点，向上拖动该点时，在输入色阶中可以看到图像中正在被调整的色调（色阶128），在输出色阶中可以看到它被 Photoshop 映射为更浅的色调（色

阶 190），图像就会因此而变亮，如图 5-50 所示。如果向下移动控制点，则 Photoshop 会将所调整的色调映射为更深的色调（将色阶 128 映射为色阶 65），图像也会因此而变暗，如图 5-51 所示。

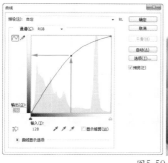

图5-50

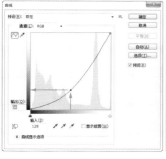

图5-51

提示：

整个色阶范围为0～255，0代表了全黑，255代表了全白，因此，色阶数值越高，色调越亮。

将曲线调整为"S"形，可以使高光区域变亮、阴影区域变暗，从而增强色调的对比度，如图 5-52 所示；反"S"形曲线会降低对比度，如图 5-53 所示。

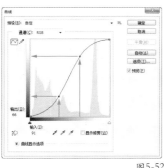

图5-52

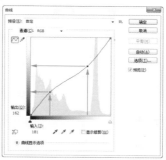

图5-53

小知识：曲线与色阶的异同之处

曲线上面有两个预设的控制点，其中，"阴影"可以调整照片中的阴影区域，它相当于"色阶"中的阴影滑块；"高光"可以调整照片的高光区域，它相当于"色阶"中的高光滑块。如果我们在曲线的中央（1/2处）单击，添加一个控制点，该点就可以调整照片的中间调，它就相当于"色阶"的中间调滑块。

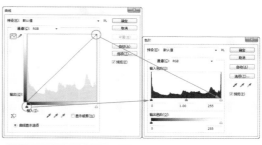

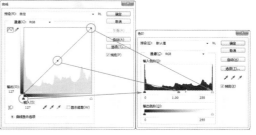

然而曲线上最多可以有16个控制点，也就是说，它能够把整个色调范围（0～255）分成15段来调整，因此，对于色调的控制非常精确。而色阶只有3个滑块，它只能分3段（阴影、中间调、高光）调整色阶。因此，曲线对于色调的控制可以做到更加精确，它可以调整一定色调区域内的像素，而不影响其他像素，色阶是无法做到这一点的，这便是曲线的强大之处。

5.4 高级技巧：观察直方图了解曝光情况

直方图是一种统计图形，它显示了图像的每个亮度级别的像素数量，展现了像素在图像中的分布情况。我们调整照片时，可以打开"直方图"面板，通过观察直方图，判断照片阴影、中间调和高光中包含的细节是否足，以便对其做出调整。

在直方图中，左侧代表了图像的阴影区域，中间代表了中间调，右侧代表了高光区域，从阴影（黑色，色阶 0）到高光（白色，色阶 255）共有 256级色调，如图 5-54 所示。直方图中的山脉代表了图像的数据，山峰则代表了数据的分布方式，较高的山峰表示该区域所包含的像素较多，较低的山峰则表示该区域所包含的像素较少。

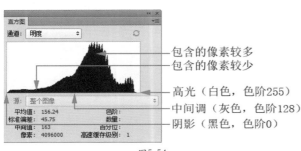

图5-54

- 曝光准确的照片：曝光准确的照片色调均匀，明暗层次丰富，亮部分不会丢失细节，暗部分也不会漆黑一片，如图 5-55 所示。从直方图中我们可以看到，山峰基本在中心，并且从左（色阶 0）到右（色阶 255）每个色阶都有像素分布。
- 曝光不足的照片：图 5-56 所示为曝光不足的照片，画面色调非常暗。在它的直方图中，山峰分布在直方图左侧，中间调和高光都缺少像素。

图5-55　　　　　　　　图5-56

- 曝光过度的照片：图 5-57 所示为曝光过度的照片，画面色调较亮，人物的皮肤、衣服等高光区域都失去了层次。在它的直方图中，山峰整体都向右偏移，阴影缺少像素。

- 反差过小的照片：图 5-58 所示为反差过小的照片，照片灰蒙蒙的。在它的直方图中，两个端点出现空缺，说明阴影和高光区域缺少必要的像素，图像中最暗的色调不是黑色，最亮的色调不是白色，该暗的地方没有暗下去，该亮的地方也没有亮起来，所以照片是灰蒙蒙的。

图5-57　　　　　　　　图5-58

- 暗部缺失的照片：图 5-59 所示为暗部缺失的照片，头发的暗部漆黑一片，没有层次，也看不到细节。在它的直方图中，一部分山峰紧贴直方图左端，它们就是全黑的部分（色阶为 0）。
- 高光溢出的照片：图 5-60 所示为高光溢出的照片，衣服的高光区域完全变成了白色，没有任何层次。在它的直方图中，一部分山峰紧贴直方图右端，它们就是全白的部分（色阶为 255）。

图5-59　　　　　　　　图5-60

小知识：调整图像时会出现两个直方图

使用"色阶"或"曲线"调整图像时，"直方图"面板中会出现两个直方图，黑色的是当前调整状态下的直方图（最新的直方图），灰色的则是调整前的直方图。应用调整之后，原始直方图会被新直方图取代。

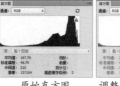 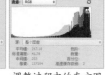

原始直方图　　　　　调整过程中的直方图

5.5 高级技巧：在阈值状态下调整色阶

"色阶"的阴影和高光滑块越靠近中间位置，图像的对比度越强，但也越容易丢失细节。如果能将滑块精确地定位在直方图的起点和终点上，就可以在保持图像细节不会丢失的基础上获得最佳的对比度。阈值模式可以帮助我们实现这一要求。

如图5-61所示为一张照片。打开"色阶"对话框，如图 5-62 所示。观察直方图可以看到，山脉的两端没有延伸到直方图的两个端点上，这说明图像中最暗的点不是黑色，最亮的点也不是白色，缺乏对比度，色调比较灰。

当画面中出现少量高对比度图像时，放开滑块，如图 5-64 所示，这样可以比较准确地将滑块定位在直方图左侧的端点上。高光滑块的调整方法与阴影滑块相同，首先按住 Alt 键向左拖动高光滑块，然后往回拖动滑块，将它定位在出现少量高对比度图像处，如图 5-65 所示，这样就将滑块比较准确地定位在直方图最右侧的端点上，效果如图 5-66 所示。

图5-63

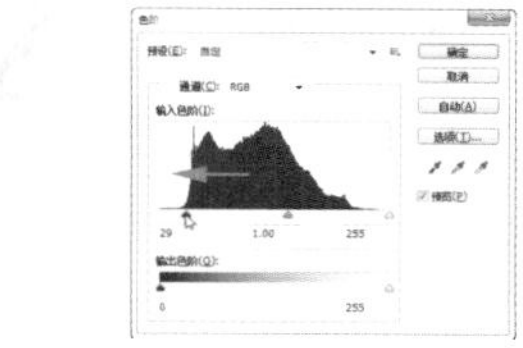

图5-61

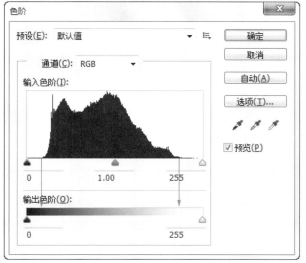

图5-62

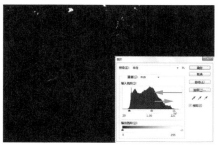

图5-64

图5-65

按住 Alt 键向右拖动阴影滑块，临时切换为阈值模式，我们可以看到一个高对比度的预览图像，如图 5-63 所示；往回拖动滑块（不要放开 Alt 键），

图5-66

5.6 高级技巧：消除由于调整而产生的色偏

使用"曲线"和"色阶"增加彩色图像的对比度时，通常还会增加色彩的饱和度，调整后的图像容易出现偏色。例如图 5-67 所示为一张人像照片，如图 5-68、图 5-69 所示为使用"曲线"增加色调对比度后的效果。可以看到，画面中的橙色饱和度过强，人物的皮肤颜色也受到了影响。

图5-69

要避免出现色偏，可以通过"曲线"调整图层来应用调整，再将调整图层的混合模式设置为"明度"，这样就可以让"曲线"只影响色调,不影响色彩,因此，也就不会出现色偏了，如图 5-70 所示。

图5-70

> **小技巧：微调曲线**
>
> 选择控制点后，按下键盘中的方向键（→、←、↑、↓）可轻移控制点。如果要选择多个控制点，可以按住Shift键单击它们（选中的控制点为实心黑色）。通常情况下，我们编辑图像时，只需对曲线进行小幅度的调整即可实现目的，曲线的变形幅度越大，越容易破坏图像。

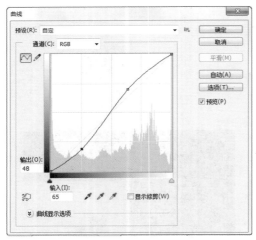

图5-68

5.7 修图实例：用"液化"滤镜修出完美脸型

- 菜鸟级 ●玩家级 ●专业级
- 实例类型：数码照片处理
- 难易程度：★ ★ ★ ☆
- 实例描述："液化"滤镜能够对图像进行推拉、扭曲、旋转、收缩等变形处理，是修饰图像和创建艺术效果的强大工具。本实例介绍怎样使用"液化"滤镜修出完美脸型。该滤镜还可用于给人像"瘦腰"、"减肥"、"去除赘肉"等等。

① 打开光盘中的素材。执行"滤镜 > 液化"命令，打开"液化"对话框，选择向前变形工具，设置大小和压力，如图 5-71 所示。

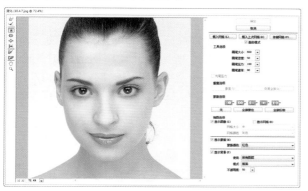

图5-71

② 将光标放在左侧脸部边缘，如图 5-72 所示，单击并向里拖动鼠标，使轮廓向内收缩，改变脸部弧线，如图 5-73 所示。采用同样方法处理右侧脸颊，如图 5-74、图 5-75 所示。

图5-72

图5-73

图5-74　　　　　　　　　图5-75

③ 再处理右侧嘴角，向上提一下，如图 5-76 所示。脖子也需要向内收敛一些，如图 5-77 所示。如图 5-78 所示为原图，图 5-79 所示为修饰后的最终效果。

图5-76

图5-77

原图
图5-78

修饰后的效果
图5-79

5.8　通道磨皮实例：缔造完美肌肤

- 菜鸟级　● 玩家级　● 专业级
- 实例类型：数码照片处理
- 难易程度：★ ★ ★ ★
- 实例描述：随着数码相机的普及，数码照片的后期处理也越来越重要。在人像照片处理中，有一个特别重要的环节，即磨皮，它是指通过模糊减少杂色和噪点，使人物皮肤洁白、细腻。本实例学习怎样通过通道磨皮。

①按下 Ctrl+O 快捷键，打开光盘中的素材文件，如图 5-80 所示。打开"通道"面板，将"绿"通道拖动到面板底部的 按钮上进行复制，得到"绿副本"通道，如图 5-81 所示，现在文档窗口中显示的绿副本通道中的图像，如图 5-82 所示。

图5-80

图5-81

图5-82

②执行"滤镜 > 其他 > 高反差保留"命令，设置半径为 20 像素，如图 5-83、图 5-84 所示。

图5-83　　　　　　　　　图5-84

③执行"图像 > 计算"命令，打开"计算"对话框，设置混合模式为"强光"，结果为"新建通道"，如图 5-85 所示，计算以后会生成一个名称为"Alpha 1"的通道，如图 5-86、图 5-87 所示。

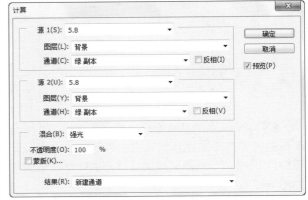

图5-85

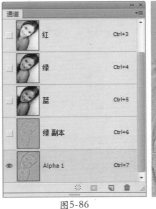

图5-86　　　　　　　　　图5-87

④再执行一次"计算"命令，得到 Alpha 2 通道，如图 5-88 所示。单击"通道"面板底部的 按钮，载入通道中的选区，如图 5-89 所示。

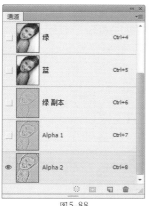

图5-88   图5-89

⑤ 按下 Ctrl+2 快捷键返回彩色图像编辑状态，如图 5-90 所示。按下 Shift+Ctrl+I 快捷键反选，如图 5-91 所示。

图5-90   图5-91

⑥ 单击"调整"面板中的 按钮，创建"曲线"调整图层。在曲线上单击，添加两个控制点，并向上移动曲线，如图 5-92 所示。人物的皮肤会变得非常光滑、细腻，如图 5-93 所示。

图5-92   图5-93

⑦ 现在人物的眼睛、头发、嘴唇和牙齿等有些过于模糊，需要恢复为清晰效果。选择一个柔角画笔工具 ，将工具的不透明度设置为 30%，在眼睛、头发等处涂抹黑色，用蒙版遮盖图像，显示出"背景"图层中清晰的图像。如图 5-94 所示为修改蒙版以前的图像，如图 5-95、图 5-96 所示为修改后的蒙版及图像效果。

图5-94   图5-95   图5-96

⑧ 下面来处理眼睛中的血丝。选择"背景"图层，如图 5-97 所示。选择修复画笔工具 ，按住 Alt 键在靠近血丝处单击，拾取颜色，如图 5-98 所示，然后放开 Alt 键在血丝上涂抹，将其覆盖，如图 5-99 所示。

图5-97

图5-98   图5-99

⑨ 单击"调整"面板中的 按钮，创建"可选颜色"调整图层，单击"颜色"选项右侧的 按钮，选择"黄色"，通过调整减少画面中的黄色，使人物的皮肤颜色变得粉嫩，如图 5-100、图 5-101 所示。

10 按下 Alt+Shift+Ctrl+E 快捷键，将磨皮后的图像盖印到一个新的图层中，如图 5-102 所示，按下 Ctrl +] 快捷键,将它移到到最顶层,如图 5-103 所示。

11 执行"滤镜 > 锐化 >USM 锐化"命令，对图像进行锐化，使图像效果更加清晰，如图 5-104 所示。如图 5-105 所示为原图像，如图 5-106 所示为磨皮后的效果。

图5-100

图5-101

图5-102

图5-103

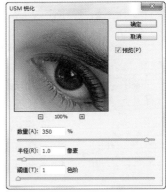

图5-104

图5-105

图5-106

5.9　通道调色实例：夕阳无限好

●菜鸟级　●玩家级　●专业级
●实例类型：数码照片处理
●难易程度：★ ★ ★
●实例描述：在前面一章我们曾介绍过，调整通道的明度就可以影响其色彩含量。规律是：将通道调亮，可以增加相应的颜色；调暗则减少相应的颜色。本实例我们来学习通道调色的具体实践方法，让一张晨景照片变为金色的夕阳余晖效果。

①按下 Ctrl+O 快捷键，打开光盘中的素材文件，如图 5-107 所示。这是一张清晨拍摄的长城照片，色调比较清冷，可以通过调整通道，将它改为夕阳西下暖暖的金色效果。

图5-107

②单击"调整"面板中的 按钮，创建"色阶"调整图层。在"通道"下拉列表中选择"红"，向左侧拖动中间调滑块，将该通道调亮，在图像中增加红色，如图 5-108、图 5-109 所示。

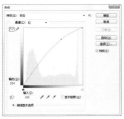 

图5-108　　　　　　　　图5-109

③在"通道"下拉列表中选择"绿"，向右拖动中间调滑块，将该通道调暗，减少绿色，这样可以增加其补色洋红色，如图 5-110、图 5-111 所示。

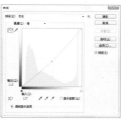 

图5-110　　　　　　　　图5-111

④选择通道"蓝"，向右拖动中间调滑块，减少蓝色，增加其补色黄色。当红色和黄色得到增强以后，画面中就会呈现出金黄色，就将这张清晨的照片调整为夕阳下的效果了，如图 5-112、图 5-113 所示。

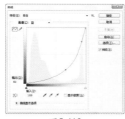 

图5-112　　　　　　　　图5-113

5.10　CameraRaw实例：调整Raw照片

● 菜鸟级　● 玩家级　● 专业级
● 实例类型：数码照片处理
● 难易程度：★★★☆
● 实例描述：Camera Raw 是 Photoshop 自带的一个专门用于处理 Raw 格式照片的插件。它提供了白平衡、色调、饱和度、锐化、减少杂色、修饰等一系列专业的工具，从调整影调和色彩，到进行修饰、磨皮、降噪、锐化等，几乎所有照片的基本调修工作，都可以在 Camera Raw 中完成。本实例介绍怎样用 Camera Raw 调整 Raw 照片。

① 按下 Ctrl+O 快捷键，弹出"打开"对话框，选择一张 CR2 格式的照片，按下回车键运行 Camera Raw，如图 5-114 所示。这张照片色彩较灰暗，色调层次也不丰富，需要分别对影调、色彩进行调整。

图5-114

② 修改"色温"和"曝光"值，让高光区域变暗一点；提高"阴影"、"黑色"值，将画面的阴影区域调亮；提高"对比度"和"清晰度"值，让图像的细节更加清楚；提高"自然饱和度"值，让色彩更加鲜艳，如图 5-115 所示。

图5-115

③ 单击色调曲线按钮，显示色调曲线选项，对色调曲线进行调整，如图 5-116 所示。

图5-116

④ 单击细节按钮，显示出锐化选项，对图像进行锐化，让细节更加清晰，如图 5-117 所示。

图5-117

⑤ 单击 HSL/ 灰度按钮，调整红、橙、黄色的色相，如图 5-118 所示。最后单击对话框左下角的"存储图像"按钮，将照片保存为"数字负片"（DNG）格式。

图5-118

小知识：Raw格式照片

　　Raw格式与普通的JPEG格式相比有很多优点，例如，JPEG格式会对图像信息进行压缩，而Raw格式则是未经处理、也未经压缩的格式，它可以包含相机捕获的所有数据，如ISO设置、快门速度、光圈值、白平衡等，因此，这种格式称形象地称为"数字底片"。

　　Raw文件是对记录原始数据的文件格式的通称，并没有统一的标准，因此，不同的相机设备制造商使用各自专有的格式，如佳能相机的Raw文件后缀为CRW或CR2；尼康相机的Raw文件后缀为NEF；奥林巴斯的Raw文件后缀为ORF。

5.11 拓展练习：用"消失点"滤镜修图

●菜鸟级 ●玩家级 ●专业级　　实例类型：数码照片处理　　视频位置：光盘 > 视频 >5.11

"消失点"滤镜特别强大，它可以在包含透视平面（如建筑物侧面或任何矩形对象）的图像中进行透视校正。在应用诸如绘画、仿制、拷贝或粘贴以及变换等编辑操作时，Photoshop 可以正确确定这些编辑操作的方向，并将它们缩放到透视平面，使结果更加逼真。

打开光盘中的照片素材，执行"滤镜 > 消失点"命令，打开"消失点"对话框，如图 5-119 所示。用创建平面工具 定义透视平面的四个角的节点，如图 5-120 所示。用对话框中的仿制图章 复制地板（按住 Alt 键单击地板进行取样），然后将地面的杂物覆盖，如图 5-121 ~ 图 5-123 所示。

| 图5-121 | 图5-122 | 图5-123 |

 提示：

定义透视平面时，蓝色定界框为有效平面，红色定界框为无效平面，我们不能从红色平面中拉出垂直平面。如果定界框为黄色，则尽管可以拉出垂直平面或进行编辑，但也无法获得正确的对齐结果。

图5-119

图5-120

第06章
网店美工必修课：照片处理与抠图

6.1　关于广告摄影

广告业与摄影术的不断发展促成了两者的结合，并诞生了由它们整合而成的边缘学科——广告摄影。摄影是广告传媒中最好的技术手段之一，它能够真实、生动地再现宣传对象，完美的传达信息，具有很高的适应性和灵活性。

商品广告是广告摄影最主要的服务对象，商品广告的创意主要包括主体表现法、环境陪衬式表现法、情节式表现法、组合排列式表现法、反常态表现法和间接表现法。

主体表现法着重刻画商品的主体形象，一般不附带陪衬物和复杂的背景，如图 6-1 所示为 CK 手表广告。环境陪衬式表现法则把商品放置在一定的环境中，或采用适当的陪衬物来烘托主体对象。情节式表现法通过故事情节来突出商品的主体，例如图 6-2 所示为 Sauber 丝袜广告：我们的产品超薄透明，而且有超强的弹性。这些都是一款优质丝袜必备的，但是如果被绑匪们用就是另外一个场景了。组合式表现法是将同一商品或一组商品在画面上按照一定的组合排列形式出现。反常态表现法通过令人震惊的奇妙形象，使人们产生对广告的关注，如图 6-3 所示为 V·gele 鞋广告。间接表现法则间接、含蓄地表现商品的功能和优点。

图6-2　　　　　　　　　　图6-3

6.2　照片处理

6.2.1　裁剪照片

我们对数码照片或者扫描的图像进行处理时，经常需要裁剪图像，以便删除多余的内容，使画面的构图更加完美。裁剪工具 可以对照片进行裁剪。选择该工具后，在画面中单击并拖出一个矩形定界框，定义要保留的区域，如图 6-4 所示；将光标放在裁剪框的边界上，单击并拖动鼠标可以调整裁剪框的大小，如图 6-5 所示；拖动裁剪框上的控制点也可以缩放裁剪框，按住 Shift 键拖动，可进行等比缩放；将光标放在裁剪框外，单击并拖动鼠标，可以旋转裁剪框；按下回车键，可以将定界框之外的图像裁掉，如图 6-6 所示。

图6-4

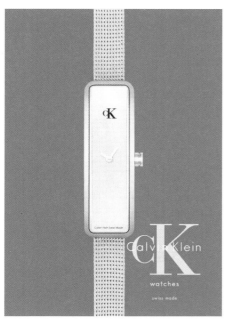

图6-1

图6-5　　　　　　　　　　图6-6

素大小"选项组显示了图像当前的像素尺寸，如图 6-8 所示，当我们修改像素大小后，新文件的大小会出现在对话框的顶部，旧的文件大小在括号内显示。

图6-7

小技巧：基于参考线构图

在裁剪工具选项栏的"视图"下拉列表中，Photoshop提供了一系列参考线选项，可以帮助我们进行合理构图，使画面更加艺术、美观。例如，选择"三等分"，能帮助我们以1/3增量放置组成元素；选择"网格"，可根据裁剪大小显示具有间距的固定参考线。

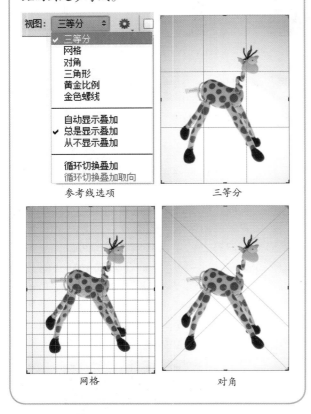

参考线选项　　　　三等分

网格　　　　　　　对角

图6-8

"文档大小选项组"用来设置图像的打印尺寸（"宽度"和"高度"选项）和分辨率（"分辨率"选项），我们可以通过两种方法来操作。第一种方法是先选择"重定图像像素"选项，然后修改图像的宽度或高度。这会改变图像的像素数量。例如，减小图像的大小时，就会减少像素数量，此时图像虽然变小了，但画质不变，如图 6-9 所示；而增加图像的大小或提高分辨率时，则会增加新的像素，这时图像尺寸虽然增加了，但画质会下降，如图 6-10 所示。

6.2.2　修改像素尺寸

我们拍摄的数码照片或是在网络上下载的图像可以有不同的用途，例如，可设置为电脑桌面、制作为个性化的 QQ 头像、用作手机壁纸、传输到网络相册上、用于打印等。然而，图像的尺寸和分辨率有时不符合要求，这就需要我们对图像的大小和分辨率进行适当的调整。"图像大小"命令可以调整图像的像素大小、打印尺寸和分辨率。

打开一张照片，如图 6-7 所示。执行"图像 > 图像大小"命令，打开"图像大小"对话框。"像

图6-9

图6-10

第二种方法是取消"重定义图像像素"选项的勾选，再来修改图像的宽度或高度。这时图像的像素总量不会变化，也就是说，减少宽度和高度时，会自动增加分辨率，如图6-11所示；而增加宽度和高度时就会自动减少分辨率，如图6-12所示。图像的视觉大小看起来不会有任何改变，画质也没有变化。

图6-11

图6-12

小知识: 增加分辨率无法使小图变清晰

分辨率高的图像包含更多的细节。不过，如果一个图像的分辨率较低、细节也模糊，即便提高它的分辨率也不会使它变得清晰。这是因为，Photoshop只能在原始数据的基础上进行调整，无法生成新的原始数据。

6.2.3　降噪

使用数码相机拍照时，如果用很高的 ISO 设置、曝光不足或者用较慢的快门速度在黑暗区域中拍照，就可能会导致出现噪点和杂色。"减少杂色"滤镜对于除去照片中的杂色非常有效。

图像的杂色显示为随机的无关像素，它们不是图像细节的一部分。"减少杂色"滤镜可基于影响整个图像或各个通道的设置保留边缘，同时减少杂色。图 6-13、图 6-14 所示为原图及使用该滤镜减少杂色后的图像效果（局部图像，显示比例为100%）。

图6-13　　　　　　　　图6-14

如果亮度杂色在一个或两个颜色通道中较明显，我们可以勾选"高级"选项，然后单击"每通道"选项卡，再从"通道"菜单中选取相应的颜色通道，拖动"强度"和"保留细节"滑块来减少该通道中的杂色，如图6-15～图6-17所示。

图6-15   图6-16   图6-17

 提示：

在进行降噪操作时，最好双击缩放工具 🔍，将图像的显示比例调整为100%，否则不容易看清降噪效果。

6.2.4　锐化

数码照片在进行完调色、修图、降噪之后，还要做适当的锐化，以便使画面更加清晰。Photoshop 的"USM 锐化"、"智能锐化"是锐化照片的好帮手。

"USM 锐化"滤镜可以查找图像中颜色发生显著变化的区域，然后将其锐化。例如图 6-18 所示为原图，如图 6-19、图 6-20 所示为使用该滤镜锐化后的效果。

图6-18

图6-19   图6-20

"智能锐化"与"USM 锐化"滤镜比较相似，但它提供了独特的锐化控制选项，可以设置锐化算法、控制阴影和高光区域的锐化量，如图 6-21 所示。

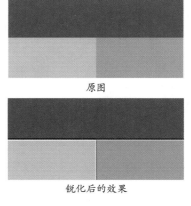

图6-21

⬇ **小知识：图像锐化原理**

锐化图像时，Photoshop会提高图像中两种相邻颜色（或灰度层次）交界处的对比度，使它们的边缘更加明显，令其看上去更加清晰，造成锐化的错觉。

原图

锐化后的效果

6.3 抠图

6.3.1 分析对象的形状特征

所谓"抠图"，是指将图像的一部分内容（如人物）选中并分离出来，以便与其他素材进行合成。例如，我们看到的广告、杂志封面等，就需要设计人员将照片中的模特抠出，然后合成到新的背景中去。近些年来，数码相机日益普及，越来越多的人开始对照片进行二次创作，譬如，将自己的形象合成到各种城市和自然风光中，就需要用到抠图技术。

Photoshop 提供了许多用于抠图的工具，因此，在抠图之前，我们首先应该分析图像的特点，然后再根据分析结果找出最佳的抠图方法。如果不能直接选择对象，就要找出对象与背景之间存在哪些差异，再动用 Photoshop 的各种工具和命令让差异更加明显，使对象与背景更加容易区分，进而选取对象并将其抠出。

边界清晰流畅、图像内部也没有透明区域的对象是比较容易选择的对象。如果这样的对象其外形为基本的几何形，可以用选框工具（矩形选框工具 □、椭圆选框工具 ○）和多边形套索工具 ▽ 将其选取。例如，图 6-22、图 6-23 所示的熊猫便是使用磁性套索工具 ▷ 和多边形套索工具 ▽ 选取的，图 6-24 所示为更换背景后的效果。如果对象呈现不规则形状，边缘光滑且不复杂，则更适合使用钢笔工具 ⌀ 选取，例如，图 6-25 所示是使用钢笔工具 ⌀ 描绘的路径轮廓，将路径转换为选区后即可选中对象，如图 6-26 所示。

6.3.2 从色彩差异入手

"色彩范围"命令包含"红色"、"黄色"、"绿色"、"青色"、"蓝色"和"洋红"等固定的色彩选项，如图 6-27 所示，通过这些选项可以选择包含以上颜色的图像内容。

图6-22

图6-23

图6-24

图6-25

图6-26

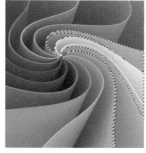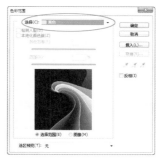

图6-27

6.3.3 从色调差异入手

魔棒工具 ✦、快速选择工具 ☞、磁性套索工具 ▷、背景橡皮擦工具 ✎、魔术橡皮擦工具 ✎、通道、混合模式，以及"色彩范围"命令中的部分功能都能基于色调差别生成选区。因此，我们可以利用对象与背景之间存在的色调差异，通过上述工具来选择对象。

6.3.4 基于边界复杂程度的分析

人像、人和动物的毛发、树木的枝叶等边缘复杂的对象，被风吹动的旗帜、高速行驶的汽车、飞行的鸟类等边缘模糊的对象都是很难准确选择的对象。"调整边缘"命令和通道是抠此类复杂对象最主要的工具，如图 6-28 ~ 图 6-33 所示为使用通道抠出的人像。快速蒙版、"色彩范围"命令、"调整边缘"命令、通道等适合抠边缘模糊的对象。

图6-28　　　　　　　　　　图6-29

图6-30　　　　　　　　　　图6-31

图6-32　　　　　　　　　　图6-33

图6-34

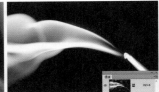
图6-35

图6-36

6.3.5　基于对象透明度的分析

在我们的生活中，有很多对象具有一定的透明度，如玻璃杯、冰块、水珠、气泡等，抠图时能够体现它们透明特质的就是半透明的像素。抠此类对象时，最重要的是既要体现对象的透明特质，同时也要保留其细节特征。"调整边缘"命令、通道，以及设置了羽化值的选框、套索等工具都可以抠透明对象。如图 6-34 ~ 图 6-36 所示为使用通道抠出的透明烟雾。

提示：

以上示例均摘自笔者编著的《Photoshop专业抠图技法》。该书详细介绍了各种抠图技法和操作技巧，以及"抽出"滤镜、Mask Pro、Knockout等抠图插件的使用方法，有想要系统学习抠图技术的读者可参阅此书。

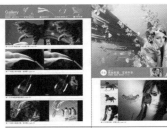

6.4　高级技巧：经典抠图插件

"抽出"滤镜、Mask Pro、Knockout 等是非常有名的抠图插件。其中，"抽出"滤镜曾经是 Photoshop 中唯一一个专门用于抠图的滤镜，但到了 Photoshop CS4 就被删除了，取代它的是"调整边缘"命令。不过，我们还是可以将它作为一个插件安装到 Photoshop 中，就像是外挂滤镜一样使用。

Mask Pro 是由美国 Ononesoftware 公司开发的。它提供了相当多的编辑工具，如提留吸管工具、魔术笔刷工具、魔术油漆桶工具、魔术棒工具，甚至还有可以绘制路径的魔术钢笔工具，能让我们抠出的图像达到专业水准。使用 Mask Pro 抠图时，需要用保留高亮工具 🖋 在对象内部绘制出大致的轮廓线，如图 6-37 所示，然后填充颜色，图 6-38 所示；再用选择丢弃高亮工具 🖋 对象外部绘制轮廓线，也填充颜色，如图 6-39 所示。

图6-37

图6-38　　图3-39

进行调整时，可以选择在蒙版状态下或透明背景中观察图像，如图6-40、图6-41所示。如图6-42所示为抠出后更换背景的效果。

图6-40

图6-41　　　　　　　图6-42

提示：

可以到Ononesoftware官方网站下载Mask Pro的30天免费试用版。下

载地址：http://www.ononesoftware. com/downloads/?action=download&dl_ id=7&type=demo。

Knockout 是由大名鼎鼎的软件公司 Corel 开发的经典抠图插件。它能够将人和动物的毛发、羽毛、烟雾、透明的对象、阴影等轻松地从背景中抠出来，让原本复杂的抠图操作变得异常简单。使用 Knockout 抠图时，需要用内部对象工具和外部对象工具在靠近毛发的边界处勾绘出选区轮廓，如图 6-43 所示，单击 按钮可以预览抠图效果，如图 6-44 所示。如果效果不完美，还可以使用其他工具进行调修。图 6-45 所示为抠出图像并更换背景后的效果，可以看到，毛发非常完整。

图6-43

图6-44　　　　　　　图6-45

6.5　高级技巧：解决图像与新背景的融合问题

对于抠图来说，将对象从原有的背景中抠出还只是第一步，对象与新背景能否完美融合也是我们需要认真考虑的问题，因为，如果处理不好的话，图像合成效果就会显得非常假。例如，在如图 6-46 所示的素材中，人物头顶的发丝很细，并且都很清晰，而环境色对头发的影响又特别明显，如图 6-47 所示为笔者使用通道抠出的图像，可以看到，头发的边缘残留了一些背景色。在这种情况下，将图像放在新背景中，效果没法让人满意，如图 6-48 所示。

图6-46　　　　图6-47　　　　　　　图6-48

笔者采用的解决办法是：使用吸管工具 🖊 在人物头顶的背景上单击，拾取颜色作为前景色，如图 6-49 所示；再用画笔工具 ✏️（模式为"颜色"，不透明度为 50%）在头发边缘的红色区域涂抹，为这些头发着色，使其呈现出与环境色相协调的蓝色调，降低原图像的背景色对头发的影响，如图 6-50 所示。

将画笔工具 ✏️ 的模式设置为"正常"，不透明度设置为 15%，在头发的边缘涂抹白色，提高头发最边缘处发丝的亮度，使其清晰而明亮，如图 6-52、图 6-53 所示。由于创建了剪贴蒙版，中性色图层将只对人物图像有效，背景图层不会受到影响。

图6-49

图6-50

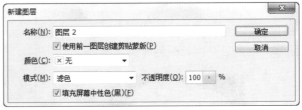
图6-51

按住 Alt 键单击"图层"面板中的 🔲 按钮，打开"新建图层"对话框，勾选"使用前一图层创建剪贴蒙版"选项，设置混合模式为"滤色"并勾选"填充屏幕中性色"选项，如图 6-51 所示，创建中性色图层，它会与"图层 1"创建为一个剪贴蒙版组；

图6-52

图6-53

6.6 照片处理实例：通过批处理为照片加Logo

●菜鸟级 ●玩家级 ●专业级
●实例类型：数码照片处理
●难易程度：★★★☆
●实例描述：网店店主为了体现特色或扩大宣传面，通常都会为商品图片加上个性化 Logo。如果需要处理的图片数量较多，我们就可以用 Photoshop 的动作功能，将 Logo 贴在照片上的操作过程录制下来，再通过批处理对其他照片播放这个动作，Photoshop 就会为每一张照片都添加相同的 Logo。本实例介绍具体操作方法。

①按下 Ctrl+O 快捷键，打开光盘中的素材文件，如图 6-54 所示。单击"背景"图层，如图 6-55 所示，按下 Delete 键将它删除，让 Logo 位于透明背景上，如图 6-56 所示。

图6-54

图6-55

图6-56

②执行"文件 > 存储为"命令，将文件保存为 PSD 格式，然后关闭。按下 Ctrl+O 快捷键，打开一张照片素材，如图 6-57 所示。下面我们来录制为照片贴 Logo 的动作。打开"动作"面板，单击该面板底部的 🗀 按钮，在弹出的对话框中输入名称"个性化 Logo"，创建动作组，如图 6-58、图 6-59 所示。

图6-57

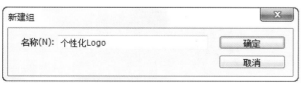

图6-58

图6-59

③单击"动作"面板底部的 🗀 按钮，弹出"新建动作"对话框，如图 6-60 所示，单击"记录"按钮，在该组中新建一个动作，这时面板中的开始记录按钮 ● 会按下并呈现为红色，表示从现在开始，我们的所有操作都会被动作记录下来。执行"文件 > 置入"命令，选择我们刚刚保存的 Logo 文件，如图 6-61 所示，将它置入到当前文档中。用移动工具 ▶⊕ 调整摆放位置，如图 6-62 所示。

图6-60

图6-61

图6-62

④执行"图层 > 拼合图像"命令，将图层合并，如图 6-63 所示。单击"动作"面板底部的 ■ 按钮，结束动作的录制，如图 6-64 所示。

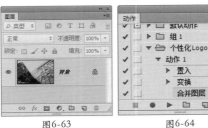

图6-63　　　　　　图6-64

⑤将文件关闭（不必保存），我们来进行批处理。执行"文件 > 自动 > 批处理"命令,打开"批处理"对话框，在"播放"选项组中选择刚刚录制的动作，单击"源"选项组中的"选择"按钮，在打开的对话框中选择要添加 Logo 的文件夹，如图 6-65 所示。

⑥在"目标"下拉列表中选择"文件夹"，然后单击"选择"按钮，在打开的对话框中为处理后的照片指定保存位置，这样就不会破坏原始照片了，如图 6-66 所示。

图6-65

图6-66

⑦以上选项设置完成之后，单击"确定"按钮，开始批处理，Photoshop 会为目标文件夹中的每一张照片都添加一个 Logo，并将处理后的照片保存到指定的文件夹中，如图 6-67 ～图 6-69 所示。

图6-67　　　　　　　图6-68

图6-69

6.7 抠图实例：用抽出滤镜抠玩具熊

- ●菜鸟级 ●玩家级 ●专业级
- ●实例类型：数码照片处理
- ●难易程度：★★★
- ●实例描述：本实例介绍"抽出"滤镜抠出方法。该滤镜的抠图过程是：先用边缘高光器工具绘制图像的轮廓；再用填充工具填充图像内部，定义要保留的区域；最后在对话框中预览抽出效果，如果有需要修改的地方，可以用其他工具进行修饰。

①打开光盘中的素材文件，如图 6-70 所示。按下 Ctrl+J 快捷键复制"背景"图层，以便保留原始图像。执行"滤镜 > 抽出"命令，打开"抽出"对话框，如图 6-71 所示。

图6-70

图6-71

②选择边缘高光器工具，沿图像轮廓描绘出边界，如图 6-72 所示。清晰的边缘可用较小的画笔描绘，毛发细节较多或模糊的边界，则用较大的画笔将其覆盖住。描绘完成的边界应该为一个封闭的区域。选择填充工具，在边界内单击填充蓝色，如图 6-73 所示。单击"预览"按钮预览抽出结果，如图 6-74 所示。为了便于准确地观察图像，可在"显示"选项中选择"黑色杂边"、"灰色杂边"，在黑色、灰色背景上观察图像。

图6-72

图6-73

图6-74

提示：

使用填充工具填色时，如果边界以外的区域也被蓝色覆盖，则说明描绘的边界没有完全封闭，这时可以使用边缘高光器工具将边界的缺口处封闭，然后再用填充工具重新填色。

③按下 Ctrl++ 快捷键放大窗口，按住空格键拖动鼠标移动画面像，仔细检查抽出的图像。如果发现有多余的背景，如图 6-75 所示，可以使用清除工具进行擦除，如图 6-76 所示；如果有被删除的图像，可按住 Alt 键涂抹相应的区域，恢复被清除的图像；如果有模糊的边缘，则可以使用边缘修饰工具进行加工。

④单击"确定"按钮正式抽出图像，背景会被删除掉。如图 6-77 所示是更换背景后的效果。

图6-75

图6-76

图6-77

小知识："抽出"滤镜下载及安装方法

登录到http://www.adobe.com/support/downloads/detail.jsp?ftpID=4279，单击"Proceed Download"按钮，切换到下一个界面，单击"Download Now"按钮，将插件包下载到电脑中。双击插件包进行解压，在解压后的文件夹"简体中文>实用组件>可选增效工具>增效工具（32位）> Filters"中找到文件"ExtractPlus.8BF"，复制后将它粘贴到Photoshop CS6安装程序文件夹下面的"Plug-ins"文件夹中，然后重新启动Photoshop，打开"滤镜"菜单便可以看到"抽出"滤镜了。

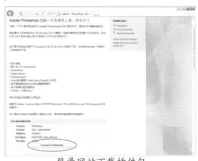
登录网站下载插件包

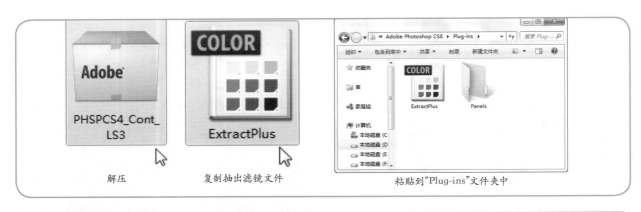

| 解压 | 复制抽出滤镜文件 | 粘贴到"Plug-ins"文件夹中 |

6.8 抠图实例：用钢笔工具抠陶瓷工艺品

- 菜鸟级 ● 玩家级 ● 专业级
- 实例类型：数码照片处理
- 难易程度：★★★★
- 实例描述：钢笔工具是非常重要的抠图工具，它可以准确地描摹出对象的轮廓，将轮廓转换为选区后便可选中对象。该工具特别常适合抠对象边缘光滑，并且呈现不规则状的对象。本实例介绍怎样使用钢笔工具抠图。

① 按下 Ctrl+O 快捷键，打开光盘中的素材文件，如图 6-78 所示。选择钢笔工具 ✎，在工具选项栏中选择"路径"选项，如图 6-79 所示。

图6-78　　　　　　　　　图6-79

② 按下 Ctrl++ 快捷键，放大窗口的显示比例。在脸部与脖子的转折处单击并向上拖动鼠标，创建一个平滑点，如图 6-80 所示；向上移动光标，单击并拖动鼠标，生成第二个平滑点，如图 6-81 所示。

图6-80　　　　　　　　　图6-81

③ 在发髻底部创建第三个平滑点，如图 6-82 所示。由于此处的轮廓出现了转折，我们得按住 Alt 键在该锚点上单击一下，将其转换为只有一个方向线的角点，如图 6-83 所示，这样绘制下一段路径时就可以发生转折了；继续在发髻顶部创建路径，如图 6-84 所示。

④外轮廓绘制完成后，在路径的起点上单击，将路径封闭，如图 6-85 所示。下面来进行路径运算。在工具选项栏中按下从路径区域减去按钮 ，在两个胳膊的空隙处绘制路径，如图 6-86、图 6-87 所示。

图6-82

图6-83

图6-84

图6-85

图6-86

图6-87

⑤按下 Ctrl+ 回车键，将路径转换为选区，如图 6-88 所示。打开一个背景素材，使用移动工具 将抠出的图像放在新背景上，如图 6-89 所示。

图6-88

图6-89

6.9 抠图实例：用调整边缘命令抠像

●菜鸟级 ●玩家级 ●专业级

●实例类型：数码照片处理

●难易程度：★ ★ ★ ★

●实例描述：本实例我们先来抠图，再用牛奶装饰裙边，制作出一个独特的牛奶装，从中学习使用"调整边缘"命令抠人像，制作充满趣味性的创意合成效果。

①打开光盘中的素材文件，如图 6-90 所示。使用快速选择工具 在模特身上单击并拖动鼠标创建选区，如图 6-91 所示。如果有漏选的地方，可以按住 Shift 键在其上涂抹，将其添加到选区中，多选的地方，则按住 Alt 键涂抹，将其排除到选区之外。

图6-90　　　　　　　　图6-91

②下面我们来对选区进行加工。单击工具选项栏中的"调整边缘"按钮，打开"调整边缘"对话框。在"视图"下拉列表中选择一种视图模式，以便更好地观察选区的调整结果；勾选"智能半径"选项，并调整"半径"参数；将"平滑"值设置为5，让选区变得光滑；将"对比度"设置为20，选区边界的黑线、模糊不清的地方就会得到修正；勾选"净化颜色"选项，将"数量"设置为100%，如图6-92所示。

③"调整边缘"对话框中有两个工具，它们可以对选区进行细化。其中，调整半径工具 ✎ 可以扩展检测的区域；抹除调整工具 ✎ 可以恢复原始的选区边缘。我们先来将残缺的图像补全。选择抹除调整工具 ✎ ，在人物头部轮廓边缘单击，并沿边界涂抹（鼠标要压到边界上），放开鼠标以后，Photoshop 就会对轮廓进行修正，如图 6-93、图 6-94 所示。

图6-93　　　　　　　　图6-94

④再来处理头纱，将多余的背景删除掉。使用调整半径工具 ✎ 在头纱上涂抹，放开鼠标以后，头纱就会呈现出透明效果，如图 6-95、图 6-96 所示。其他区域也使用这两个工具处理，操作要点是，有多余的背景，就用调整半径工具 ✎ 将其涂抹掉；有缺失的图像，就用抹除调整工具 ✎ 将其恢复过来。

图6-95　　　　　　　　图6-96

⑤选区修改完成以后，在"输出到"下拉列表中选择"新建带有图层蒙版的图层"选项，单击"确定"按钮，将选中的图像复制到一个带有蒙版的图层中，完成抠图操作，如图 6-97、图 6-98 所示。

图6-92

图6-97　　　　　　　　图6-98

⑥打开光盘中的背景素材，如图 6-99 所示，使用移动工具 ⯈ 将抠出的人像拖入该文档中，如图 6-100、图 6-101 所示。

图6-99

图6-100

图6-101

⑦单击"调整"面板中的 按钮，创建"曲线"调整图层，将图像调亮。按下 Alt+Ctrl+G 快捷键创建剪贴蒙版，使调整只对人像有效，如图 6-102 ～图 6-104 所示。

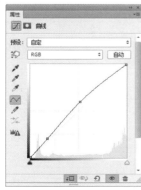

图6-102

图6-103　　　　图6-104

⑧用画笔工具 在人物的裙子上涂抹黑色，让裙子色调暗一些，如图 6-105、图 6-106 所示。

图6-105　　　　图6-106

⑨牛奶与裙边的衔接处还得处理一下。单击"牛奶"图层，将其选择，单击 按钮为它添加蒙版，用柔角画笔工具 将衔接处涂黑即可，如图 6-107、图 6-108 所黑色。

图6-107

图6-108

6.10 抠图实例：用通道抠像

- ●菜鸟级 ●玩家级 ●专业级
- ●实例类型：数码照片处理
- ●难易程度：★ ★ ★ ★
- ●实例描述：先用钢笔工具描绘出人物的大致轮廓（不包含透明的婚纱）；再用通道制作婚纱的选区；最后用"计算"命令将这两个选区相加，从而得到人物的完整选区。

①按下 Ctrl+O 快捷键，打开光盘中的素材文件，如图 6-109 所示。选择钢笔工具 ，在工具选项栏中选择"路径"选项，沿人物的轮廓绘制路径。描绘时要避开半透明的婚纱，如图 6-110、图 6-111 所示。

图6-109　　　　图6-110　　　　图6-111

②按下 Ctrl+ 回车键，将路径转换为选区，选中人物，如图 6-112 所示。单击"通道"面板底部的 按钮，将选区保存到通道中，如图 6-113 所示。按下 Ctrl+D 快捷键取消选择。

图6-112　　　　　　图6-113

③将蓝通道拖动到创建新通道按钮 上复制，得到"蓝副本"通道，如图 6-114 所示。我们用该通道制作半透明婚纱的选区。选择魔棒工具 ，在工具选项栏中将容差设置为 12，按住 Shift 键在人物的背景上单击选择背景，如图 6-115 所示。

图6-114　　　　　　图6-115

④将前景色设置为黑色，按下 Alt+Delete 快捷键在选区内填充黑色，然后按下 Ctrl+D 快捷键取消选择，如图 6-116、图 6-117 所示。

图6-116　　　　　　图6-117

⑤现在，我们已经制作了两个选区，第一个选区中包含人物的身体（即完全不透明的区域），第二个选区中包含半透明的婚纱。下面我们来通过选区运算，将它们合成为一个完整的人物婚纱选区。执行"图像 > 计算"命令，打开"计算"对话框，让"蓝副本"通道与"Alpha1"通道采用"相加"模式混合，如图 6-118 所示。单击"确定"按钮，得到一个新的通道，如图 6-119 所示，它包含我们需要的选区。

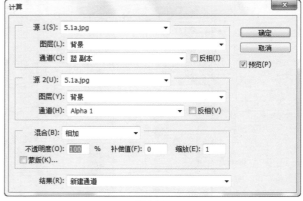

图6-118

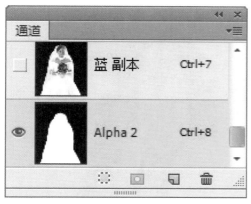

图6-119

⑥ 单击"通道"面板底部的 按钮，载入"Alpha 2"中的婚纱选区，如图 6-120 所示。按下 Ctrl+2 快捷键返回到 RGB 复合通道，显示彩色图像，如图 6-121 所示。

图6-120　　　　　图6-121

⑦ 打开一个背景素材，如图 6-122 所示，使用移动工具 将抠出的婚纱图像拖入到该文档中。按下 Ctrl+T 快捷键显示定界框，拖动控制点，将图像适当旋转，按下回车键确认，效果如图 6-123 所示。

图6-122

图6-123

6.11　拓展练习：用魔棒和快速蒙版抠图

●菜鸟级　●玩家级　●专业级　　　实例类型：数码照片处理　　　视频位置：光盘 > 视频 >6.11

快速蒙版就是一种常用的选区转换工具，它能将选区转换成为一种临时的蒙版图像。当选区由原来的闪烁状态转变为固定的蒙版图像之后，画笔、滤镜等就都能派上用场了，因而处理空间就会变得无限广阔。例如，图 6-124 所示的变形金刚便是使用快速蒙版和魔棒工具 抠出来的。该实例的操作方法是，选择魔棒工具 ，在工具选项栏中设置"容差"为 10，勾选"消除锯齿"和"连续"选项，按住 Shift 键在背景上单击，创建选区，如图 6-125 所示。按下 Ctrl++ 快捷键，放大窗口的显示比例，按住空格键拖动鼠标移动画面，查看图像可以发现，变形金刚腿部关节处色调较浅，也被选中了，如图 6-126 所示。

按下 Q 键切换到快速蒙版状态，未选中的图像上会覆盖一层半透明的红色，如图 6-127 所示。在这种状态下，选区的问题一目了然。用多边形套索工具 将多选在图像上创建选区，如图 6-128 所示，填充黑色，然后取消选择，如图 6-129 所示。按下 Q 键切退出快速蒙版，按下 Shift+Ctrl+I 快捷键反选，即可得到精确的选区，如图 6-130 所示。

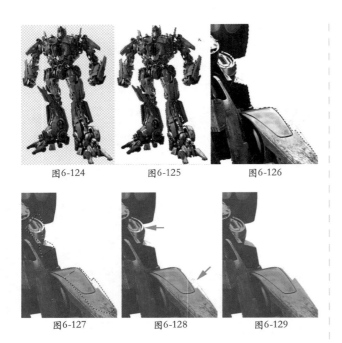

图6-124 图6-125 图6-126

图6-127 图6-128 图6-129

图6-130

第07章

海报设计：滤镜与插件

7.1 关于海报设计

7.1.1 海报的种类

海报（英文为 Poster）即招贴，是指张贴在公共场所的告示和印刷广告。海报作为一种视觉传达艺术，最能体现平面设计的形式特征，它的设计理念、表现手法较之其它广告媒介更具典型性。

海报从用途上可分为三类，即商业海报、艺术海报和公共海报，如图 7-1 ~ 图 7-3 所示。商业海报是最为常见的海报形式，也是广告的主要媒介之一，它包括各种商品的宣传海报、服务类海报、旅游类海报、文化娱乐类海报、展览类海报和电影海报等。艺术海报是一种以海报形式表达美术创新观念的艺术作品，它包括各类画展、设计展、摄影展的海报。公共海报是一种非商业性的海报，它包括宣传环境保护、交通安全、防火、防盗、禁烟、禁毒、保护妇女儿童权益等的公益海报，以及政府部门制定的政策与法规的宣传海报、体育海报等非公益性海报。

Stena Lines 旅游商业海报
图7-1

霍尔格•马提斯艺术海报
图7-2

呼吁关注交通安全的公益海报
图7-3

小知识：海报的构成要素

图形、色彩和文案是构成海报的三个要素。海报中的图形一般是指文字以外的视觉元素，它的表现形式主要有摄影、绘画、装饰图案、标志和漫画等。色彩是重要的视觉元素，它会使人产生不同的联想和心理感受，可以为商品营造独具个性的品牌魅力。海报的文案包括海报的标题、正文、标语和随文等。朱迪斯查尔斯传播公司总裁查尔斯说过，"文案是坐在打字机后面的销售家"，好的文案不仅能够直接说出产品的最佳利益点，还应与海报中的图形、色彩有机结合，产生最佳的视觉效果。

7.1.2 海报中常用的表现手法

（1）写实表现法

写实表现法是一种直接展示对象的表现方法，它能够有效地传达产品的最佳利益点。如图 7-4 所示为芬达饮料海报。

（2）联想表现法

联想表现法是一种婉转的艺术表现方法，它是由一个事物联想到另外的事物，或将事物某一点与另外事物的相似点或相反点自然地联系起来的思维过程。图 7-5 所示为 Covergirl 睫毛刷产品宣传海报——请选择加粗。

图7-4

图7-5

（3）情感表现法

"感人心者，莫先于情"，情感是最能引起人们心理共鸣的一种心理感受，美国心理学家马斯诺指出："爱的需要是人类需要层次中最重要的一个层次"，在海报中运用情感因素可以增强作品的感染力，达到以情动人的效果。如图 7-6 所示为里维斯牛仔裤海报——融合起来的爱，叫完美！

（4）对比表现法

对比表现法是将性质不同的要素放在一起相互比较，在对比中突出产品的性能和特点。如图 7-7 所示为 PRINCE 牌细条实心面调料海报。

图7-6   图7-7

（5）夸张表现法

夸张是海报中常用的表现手法之一，它通过一种夸张的、超出观众想象的画面内容来吸引受众的眼球，具有极强的吸引力和戏剧性。如图 7-8 所示为 Mylanta 胃药海报——人是如何成为气球的！

（6）幽默表现法

广告大师波迪斯曾经说过"巧妙地运用幽默，就没有卖不出去的东西"。幽默的海报具有很强的戏剧性、故事性和趣味性，往往能够带给人会心的一笑，让人感觉到轻松愉快，并产生良好的说服效果。图 7-9 所示为 Rowenta 好运达吸尘器海报——打猎利器。

图7-8

图7-9

（7）拟人化表现法

将自然界的事物进行拟人化处理，赋予其人格和生命力，能够让受众迅速地在心理产生共鸣。如图 7-10 所示为 Kiss FM 摇滚音乐电台海报——跟着 Kiss FM 的劲爆音乐跳舞。

（8）名人表现法

巧妙地运用名人效应会增加产品的亲切感，产生良好的社会效益。如图 7-11 所示为猎头公司广告——幸运之箭即将射向你。这则海报暗示了猎头公司会像丘比特一样为你制定专属的目标，帮用户找到心仪的工作。

图7-10   图7-11

图7-14

7.2　Photoshop滤镜

7.2.1　滤镜的原理

　　位图（如照片、图像素材等）是由像素构成的，每一个像素都有自己的位置和颜色值，滤镜能够改变像素的位置或颜色，从而生成各种特效。例如，图7-12所示为原图像，如图7-13所示是"染色玻璃"滤镜处理后的图像，从放大镜中我们可以看到像素的变化情况。

　　Photoshop的所有滤镜都在"滤镜"菜单中，如图7-14所示。其中"滤镜库"、"镜头校正"、"液化"和"消失点"等是特殊滤镜，被单独列出，其他滤镜都依据其主要功能放置在不同类别的滤镜组中。如果安装了外挂滤镜，则它们会出现在菜单底部。

小知识：为什么滤镜菜单中少了很多滤镜？

　　执行"编辑>首选项>增效工具"命令，打开"首选项"对话框，勾选"显示滤镜库的所有组和名称"选项，即可让缺少的滤镜重新出现在各个滤镜组中。

7.2.2　滤镜的使用规则

- 使用滤镜处理某一图层中的图像时，需要选择该图层，并且图层必须是可见的（缩览图前面有眼睛图标 👁）。
- 如果创建了选区，如图7-15所示，滤镜只处理选中的图像，如图7-16所示；如果未创建选区，则处理当前图层中的全部图像，如图7-17所示。

图7-12   图7-13

图7-15   图7-16   图7-17

- 滤镜的处理效果是以像素为单位进行计算的，因此，相同的参数处理不同分辨率的图像，其效果也会有所不同。
- 滤镜可以处理图层蒙版、快速蒙版和通道。
- 只有"云彩"滤镜可以应用在没有像素的区域，其他滤镜都必须应用在包含像素的区域，否则不能使用这些滤镜。但外挂滤镜除外。

小知识：处理图像时，为什么有一些滤镜无法使用？

"滤镜"菜单中显示为灰色的命令是不可使用的命令，通常情况下，这是由于图像模式出现了问题。在Photoshop中，RGB模式的图像可以使用所有滤镜，其他模式则会受到限制。在处理非RGB模式的图像时，可以先执行"图像>模式>RGB颜色"命令，将图像转换为RGB模式，再应用滤镜就不会有任何问题了。

7.2.3 滤镜的使用技巧

- 在任意滤镜对话框中按住 Alt 键，"取消"按钮就会变成"复位"按钮，如图 7-18 所示，单击它可以将参数恢复到初始状态。
- 使用一个滤镜后，"滤镜"菜单的第一行便会出现该滤镜的名称，如图 7-19 所示，单击它或按下 Ctrl+F 快捷键可以快速应用这一滤镜。如果要修改滤镜参数，可以按下 Alt+Ctrl+F 快捷键，打开滤镜对话框重新设定。

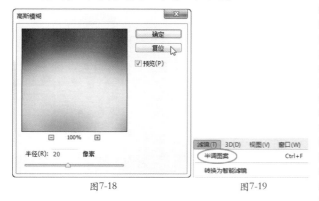

图7-18　　　　　　　　图7-19

- 应用滤镜的过程中如果要终止处理，可以按下 Esc 键。

7.2.4 滤镜库

执行"滤镜 > 滤镜库"命令，或者使用"风格化"、"画笔描边"、"扭曲"、"素描"、"纹理"、"艺术效果"滤镜组中滤镜时，都可以打开"滤镜库"，如图 7-20 所示。在"滤镜库"对话框中，左侧是预览区，中间是可供选择的滤镜，右侧是参数设置区。

图7-20

单击新建效果图层按钮 □，可以添加一个效果图层，添加效果图层后，可以选取要应用的另一个滤镜，图像效果会变得更加丰富，如图 7-21 所示。滤镜效果图层与图层的编辑方法相同，上下拖动效果图层可以调整它们的堆叠顺序，滤镜效果也会发生改变，如图 7-22 所示。单击 ⅲ 按钮可以删除效果图层，单击眼睛图标 ⊙ 可以隐藏或显示滤镜。

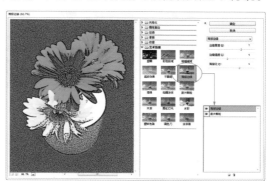

图7-21

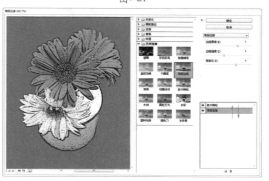

图7-22

7.2.5 智能滤镜

智能滤镜可以达到与普通滤镜完全相同的效果，但它是作为图层效果出现在"图层"面板中的，因而不会真正改变图像中的任何像素。

选择要应用滤镜的图层，如图 7-23 所示，执行"滤镜 > 转换为智能滤镜"命令，弹出一个提示信息，单击"确定"按钮，将图层转换为智能对象，此后应用的滤镜即为智能滤镜，如图 7-24 所示。

图7-26　　　　　　　　　　　图7-27

智能滤镜包含一个图层蒙版，单击蒙版缩览图可进入蒙版编辑状态，如果要遮盖某一处滤镜效果，可以用黑色涂抹蒙版；如果要显示某一处滤镜效果，则用白色涂抹蒙版，如图 7-28 所示；如果要减弱滤镜效果的强度，可以用灰色绘制，滤镜将呈现不同级别的透明度，如图 7-29 所示。

图7-23

图7-24

图7-28

双击"图层"面板中的智能滤镜，如图 7-25 所示，可以重新打开相应的滤镜对话框修改参数，如图 7-26、图 7-27 所示。

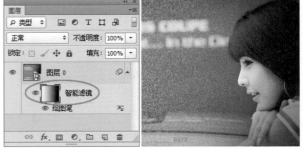

图7-29

图7-25

提示：

单击智能滤镜旁边的眼睛图标 ◉ 可以隐藏或重新显示智能滤镜；将智能滤镜拖动到"图层"面板底部的删除图层按钮 🗑 上，可将其删除。

7.3　高级技巧：提高滤镜性能

（1）释放内存

Photoshop 的内置滤镜和外挂滤镜会占用很多系统资源，如使用"光照效果"、"木刻"、"染色玻璃"等滤镜，尤其是编辑高分辨率的大图时，有可能造成 Photoshop 的运行速度变慢甚至死机。要提高处理速度，就需要为 Photoshop 分配足够多的内存。

如果 Photoshop 的处理速度变慢，可以先在一小部分图像上试验滤镜，找到合适的设置后，再将滤镜应用于整个图像。或者在使用滤镜之前先执行"编辑 > 清理"命令释放内存，也可以退出其他应用程序，为 Photoshop 提供更多的可用内存。

（2）启用虚拟内存

当内存不够用时，Photoshop 会自动将电脑中的空闲硬盘作为虚拟内存来使用（也称暂存盘），因此，如果电脑中的某些个硬盘空间较大，我们就可以将其指定给 Photoshop 使用。具体设定方法是执行"编辑 > 首选项 > 性能"命令，打开"首选项"对话框，在"暂存盘"选项组中显示了电脑的硬盘驱动器盘符，我们只要将空闲空间较多的驱动器设置为暂存盘，如图 7-30 所示，然后重新启动 Photoshop 就可以了。

暂存盘			
	现用?	驱动器	空闲空间	信息
1	✔	G:\	332.12GB	
2		C:\	24.71GB	
3		D:\	90.59GB	
4		E:\	352.04GB	
5		F:\	161.25GB	

图7-30

7.4　Photoshop插件

7.4.1　安装外挂滤镜

Photoshop 提供了一个开放的平台，我们可以将第三方厂商开发的滤镜以插件的形式安装在 Photoshop 中使用，这些滤镜称为"外挂滤镜"。外挂滤镜与一般程序的安装方法基本相同，只是要注意应将其安装在 Photoshop CS6 的 Plug-ins 目录下，如图 7-31 所示，否则将无法直接运行滤镜。有些小的外挂滤镜手动复制到 plug-ins 文件夹中便可使用。安装完成以后，重新运行 Photoshop，在"滤镜"菜单的底部便可以看到它们，如图 7-32 所示。

图7-31

图7-32

7.4.2　外挂滤镜的类别

- 自然特效类外挂滤镜：Ulead（友丽）公司的 Ulead Particle.Plugin 是用于制作自然环境的强大插件，它能够模拟自然界的粒子而创建诸如雨、雪、烟、火、云和星等特效。
- 图像特效类外挂滤镜：在众多的特效类外挂滤镜中，Meta Creations 公司的 KPT 系列滤镜以及 Alien Skin 公司的 Eye Candy 4000 和 Xenofex 滤镜是其中的佼佼者，它们可以创造出 Photoshop 内置滤镜无法实现的神奇效果，倍受广大 Photoshop 爱好者的喜爱。
- 照片处理类滤镜：Mystical Tint Tone and Colo 是专门用于调整影像色调的插件，它提供了 38 种色彩效果，可轻松应对色调调整方面的工作。Alien Skin Image Doctor 是一款新型而强大的图片校正滤镜，它可以魔法般的移除污点和各种缺陷。
- 抠图类外挂滤镜：Mask Pro 是由美国俄勒冈州波特兰市的 Ononesoftware 公司开发的抠图插件，它可以把复杂的图像，如人的头发、动物的毛发等轻易地选取出来。Knockout 是由大名鼎鼎的软件公司 Corel 开发的经典抠图插件，它可以让原本复杂的抠图操作变得异常简单。
- 磨皮类外挂滤镜：磨皮是指通过模糊减少杂色和噪点，使人物皮肤洁白、细腻。kodak 是一款简单、实用的磨皮插件。NeatImage 则更加强大，它在磨皮的同时还能保留头发、眼眉、眼睫毛的细节。
- 特效字类外挂滤镜：Ulead 公司出品的 Ulead Type.Plug-in 1.0 是专门用于制作特效字的滤镜。

> **提示：**
>
> 本书配套光盘中附赠的"Photoshop外挂滤镜使用手册"中详细介绍了外挂滤镜的安装方法，以及KPT7滤镜、Eye Candy 4000滤镜和Xenofex滤镜包含的内容和具体使用方法。该手册为PDF格式，PDF文件需要使用Adobe Reader阅读，我们可以从Adobe的官方网站www.myadobe上下载免费的中文版Adobe Reader。

7.4.3　10大Photoshop插件

Photoshop 插件已经成为所有设计师和爱好者必不可少的工具，无论是想生成光照效果、增加图像的分辨率、制作出不同寻常的纹理、调出完美的肤色，总会有一种插件能够帮上忙。由于 Photoshop 提供了一个开放的接口，使得任何人都可以编写插件程序，因而，现在已经出现了成千上万种插件，下面表格中所列的是其中的佼佼者，非常棒的 10 个插件。

1	KPT（ http://www.corel.co.uk ）
	KPT是Corel公司的产品，虽然我们已经介绍过了它，但这里还是要将它再次隆重推出，因为Photoshop10大插件中无论如何也不能缺少KPT。值得一提的是，Corel公司推出了一款整合了著名的KPT5、KPT6、KPT7Effects的软件——Corel KPT Collection（ 英文名：Corel KPT(R) Filters）。 KPT® Fluid™ KPT® Goo
2	Fluid Mask（ http://www.vertustech.com ）
	Fluid Mask是一款非常强大的抠图插件。软件采用了模拟人眼和人脑的方法，来实现高级的、准确而且快速的抠图功能。在处理图像的同时它还能区分软边界和硬边界并做相应的处理，使最终的边缘和色彩过渡更加平滑。强烈推荐！ 

3	Mystical Lighting （http://www.autofx.com）	4	Genuine Fractals （http://www.ononesoftware.com）
	Mystical Lighting是AutoFX开发的一个可以在数码绘画中生成梦幻般发光效果、或为照片提供逼真光照效果的插件。Mystical Lighting包含16种特效，每种效果都有大量可编辑的参数，极具实用价值。 		Genuine Fractals是一个图像缩放插件，它可以帮助我们放大图像的分辨率和尺寸（最大可达1000%），并保持线条和细节不失真，别人很难看出其与原图的区别。这个插件是摄影师、绘画艺术家和数码图像专业人士的必备工具。 
5	55MM （http://www.wdigitalfilmtools.com）	6	Aurora （http://www.digi-element.com）
	55MM提供了各式各样的色彩校正和暗室模拟滤镜。它可以模仿流行的照相机滤光镜、专业镜头、光学试验过程、胶片的颗粒、颜色修正、自然光和摄影等众多特效，以及制作烟雾、去焦、扩散、模糊、红外滤光镜、薄雾等效果。 		Aurora 2.1是Digital公司出品的自然特效插件，它可以生成逼真得令人难以置信的太阳、月亮、星星、水面、云彩和光束。而且各种参数都可调，并附有大量预设，可以模拟不同的自然景物，是一款不错的好插件！ 
7	Super Blade Pro （http://www.flamingpear.com）	8	Skintune （http://www.phototune.com）
	Flaming Pear出品的三维效果插件，它通过创建倾斜的边缘和表面纹理，赋予图像三维效果，还能生成精美而发亮的纹理。 		SkinTune是一个皮肤美容插件，可以自动校正人物皮肤的颜色。它内建有非洲、亚洲、拉丁美洲等五个区域的肤色图库，每个区域拥有超过5万种接近真实肤色的色彩。 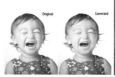

9	Backdrop designer（http://www.digitalanarchy.com）	10	Neat Image（http://www.neatimage.com）
	Backdrop designer是一个背景设计插件，它可以轻松地设计出数百幅背景图案，这些图案可作为人物的背景，用于产品宣传和其它商业图案的设计。这一插件用起来简单，而且其乐无穷。		Neat Image是一个强大的降噪插件，非常适合处理由于曝光不足而产生大量噪点的数码照片，也是人像照片的磨皮利器。

7.5　特效实例：时尚水晶球

- ●菜鸟级　●玩家级　●专业级
- ●实例类型：特效设计
- ●难易程度：★★★★
- ●实例描述：制作彩色条纹，通过滤镜扭曲为水晶球，深入加工，增强其光泽与质感。

①按下 Ctrl+O 快捷键，打开光盘中的素材文件，如图 7-33、图 7-34 所示。

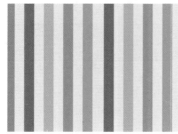

图7-33

图7-34

②选择椭圆选框工具，按住 Shift 键创建一个圆形选区，如图 7-35 所示。执行"滤镜 > 扭曲 > 球面化"命令，设置数量为 100%，如图 7-36、图 7-37 所示。按下 Ctrl+F 快捷键再次执行该滤镜，加大膨胀效果，使条纹的扭曲效果更明显，如图 7-38 所示。

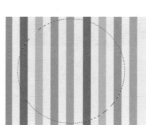

图7-35　　　　　　　　图7-36

图7-37

图7-38

③ 按下 Shift+Ctrl+I 快捷键反选，按下 Delete 键删除选区内的图像，按下 Ctrl+D 快捷键取消选择，如图 7-39 所示。单击"图层 1"前面的眼睛图标 👁，隐藏该图层，选择"图层 0"，如图 7-40 所示。

图7-39　　　　　　　　　　　图7-40

④ 按下 Ctrl+T 快捷键显示定界框，将光标放在定界框的一角，按住 Shift 键拖动鼠标将图像旋转 30 度，如图 7-41 所示。再按住 Alt 键拖动定界框边缘，将图像放大，布满画面，如图 7-42 所示。按下回车键确认操作。

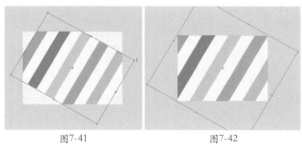

图7-41　　　　　　　　　　　图7-42

⑤ 执行"滤镜 > 模糊 > 高斯模糊"命令，设置半径为 15 像素，如图 7-43 所示，效果如图 7-44 所示。

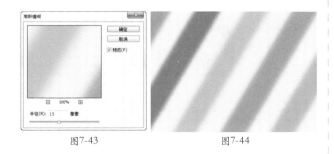

图7-43　　　　　　　　　　　图7-44

⑥ 按下 Ctrl+J 快捷键复制"背景"图层，设置混合模式为"正片叠底"，不透明度为 60%，如图 7-45、图 7-46 所示。

图7-45　　　　　　　　　　　图7-46

⑦ 按下 Ctrl+E 快捷键向下合并图层，如图 7-47 所示。执行"图层 > 新建 > 背景图层"命令，将普通图层转换为背景图层，如图 7-48 所示。

图7-47　　　　　　　　　　　图7-48

⑧ 选择并显示"图层 1"，如图 7-49 所示。通过自由变换调整圆球的大小和角度，如图 7-50 所示。

图7-49　　　　　　　　　　　图7-50

⑨ 选择画笔工具 🖌，设置不透明度为 20%，如图 7-51 所示。新建一个图层，按下 Alt+Ctrl+G 快捷键创建创建剪贴蒙版，如图 7-52 所示。在圆球的底部涂抹白色，如图 7-53 所示，顶部涂抹黑色，表现出明暗过渡效果，如图 7-54 所示。

图7-51

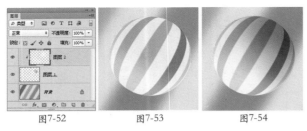

图7-52　　　　　　图7-53　　　　　　图7-54

⑩新建一个图层，创建剪贴蒙版。使用椭圆工具 ⬭，按住Shift键绘制一个黑色的圆形，如图 7-55 所示。使用椭圆选框工具 ⬭ 创建一个选区，将大部分圆形选取，仅保留一个细小的边缘，如图 7-56 所示。按下 Delete 键删除图像，按下 Ctrl+D 快捷键取消选择，如图 7-57 所示。

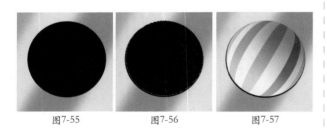

图7-55　　　　　　图7-56　　　　　　图7-57

⑪单击 ⬚ 按钮锁定该图层的透明像素，如图 7-58 所示。使用画笔工具 ✎ 涂抹白色，由于画笔工具设置了不透明度，因此，在黑色图形上涂抹白色时，会表现为灰色，这就使原来的黑边有了明暗变化，如图 7-59 所示。

图7-58　　　　　　　　　图7-59

⑫新建一个图层。在画笔下拉面板中选择"半湿描边油彩笔"，如图 7-60 所示。将不透明度设置为 100%，可按下"]"和"["键放大或缩小笔尖，为圆球绘制高光，效果如图 7-61 所示。

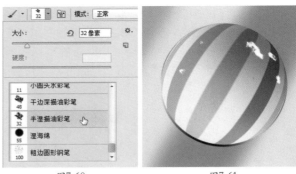

图7-60　　　　　　　　　图7-61

⑬按住 Shift 键单击"图层 2"，选取所有组成圆球的图层，如图 7-62 所示，按下 Ctrl+E 快捷键合并图层，如图 7-63 所示。

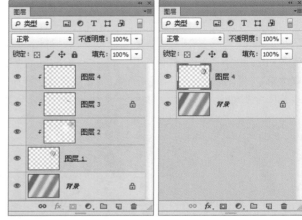

图7-62　　　　　　　　　图7-63

⑭使用移动工具 ⊹ 按住 Alt 拖动圆球进行复制，如图 7-64 所示。按下 Ctrl+L 快捷键打开"色阶"对话框，将阴影滑块和中间调滑块向右侧调整，使圆球色调变暗，如图 7-65、图 7-66 所示。

图7-64

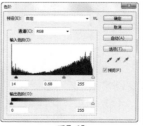

图7-65　　　　　　　图7-66

15用同样方法复制圆球，调整大小和明暗，最终效果如图 7-67 所示。

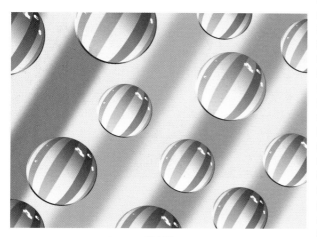

图7-67

7.6 特效实例：金属人像

- ●菜鸟级 ●玩家级 ●专业级
- ●实例类型：特效设计
- ●难易程度：★★★☆
- ●实例描述：用滤镜将人像制作为金属铜像。用加深、减淡等工具修补图像细节，让效果更加逼真。

①按下 Ctrl+O 快捷键，打开光盘中的素材文件。使用快速选择工具 🖌 按住 Shift 键在背景上单击并拖动鼠标，选择背景图像，如图 7-68 所示。按下 Shift+Ctrl+I 快捷键反选，如图 7-69 所示。

图7-68　　　　　　图7-69

②打开光盘中的素材文件，如图 7-70 所示。使用移动工具 ▶ 将选区内的人物拖到新打开的文档中，如图 7-71 所示。

图7-70　　　　　　图7-71

③按下 Shift+Ctrl+U 快捷键去除颜色。按住 Ctrl 键单击"图层 1"的缩览图，载入该人像的选区，如图 7-72、图 7-73 所示。

图7-72　　　　　　图7-73

④在"图层 1"的眼睛图标 👁 上单击，隐藏该图层。选择"背景"图层，按下 Ctrl+J 快捷键复制出一个人物轮廓图像，按下锁定透明像素按钮 ▦，锁定该图层的透明区域，如图 7-74 所示。执行"滤镜 > 模糊 > 高斯模糊"命令，对图像进行模糊处理，如图 7-75、图 7-76 所示。

图7-74

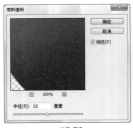

图7-75　　　　　　　　　　　图7-76

提示:

　　由于锁定了该图层的透明区域，因此，高斯模糊只对图像部分起作用，透明区域没有任何模糊的痕迹，人物的轮廓依然保持清晰。

⑤显示并选择"图层1"，设置它的混合模式为"亮光"，如图7-77、图7-78所示。

图7-77　　　　　　　　　　　图7-78

⑥按下Ctrl+J快捷键复制"图层1"，将"图层1副本"的混合模式设置为"正常"，如图7-79所示。执行"滤镜 > 素描 > 铬黄"命令，使头像产生金属质感，如图7-80、图7-81所示。

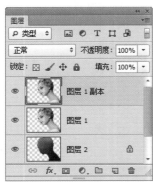

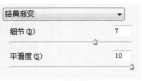

图7-79　　　　　　　　　　　图7-80

图7-81

⑦按下Ctrl+L快捷键打开"色阶"对话框，向左侧拖动高光滑块，将图像调亮，如图7-82、图7-83所示。

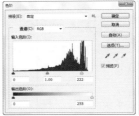

图7-82　　　　　　　　　　　图7-83

⑧设置图层的混合模式为"叠加"。单击 按钮创建蒙版。选择画笔工具 ，在工具选项栏中设置不透明度为45%，在图像上涂抹黑色，将部分纹理隐藏，如图7-84、图7-85所示。

图7-84

图7-85

7.7 特效实例：流彩凤凰

- ●菜鸟级 ●玩家级 ●专业级
- ●实例类型：特效设计
- ●难易程度：★★★★
- ●实例描述：用滤镜制作光点并进行扭曲，组合成凤凰形状，用渐变着色。

①按下 Ctrl+N 快捷键，打开"新建"对话框，在"预设"下拉列表中选择"Web"选项，在"大小"下拉列表中选择"800×600"像素，新建一个文件。按下 Ctrl+I 快捷键，将背景调整为黑色。按下 Ctrl+J 快捷键复制背景图层，生成"图层 1"，如图 7-86 所示。

②执行"滤镜 > 渲染 > 镜头光晕"命令，选择"电影镜头"选项，设置亮度为100%，在预览框中心单击，将光晕设置在画面的中心，如图 7-87 所示，效果如图 7-88 所示。

图7-86

图7-87

图7-88

③按下 Alt+Ctrl+F 快捷键重新打开"镜头光晕"对话框，在预览框的左上角单击，定位光晕中心，如图 7-89 所示，单击"确定"按钮关闭对话框。再次按下 Alt+Ctrl+F 快捷键打开对话框，这一次将光晕定位在画面右下角，使三个光晕形成一条斜线，如图 7-90 所示，效果如图 7-91 所示。

图7-89

图7-90

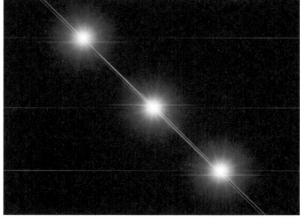

图7-91

④执行"滤镜 > 扭曲 > 极坐标"命令，在打开的对话框中选择"平面坐标到极坐标"选项，如图 7-92、图 7-93 所示。按下 Ctrl+T 快捷键显示定界框，单击右键，选择"垂直翻转"命令，再选

择"逆时针旋转 90 度"命令，然后将图像放大并调整位置，如图 7-94 所示。

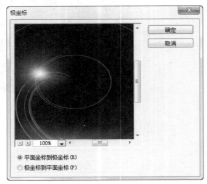

图7-92

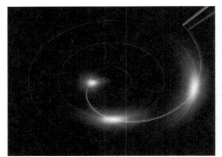

图7-93

图7-94

⑤ 按下 Ctrl+J 快捷键复制"图层 1"，生成"图层 1 副本"，设置其混合模式为"变亮"，如图 7-95 所示。按下 Ctrl+T 快捷键显示定界框，将图像朝逆时针方向旋转，并适当放大，如图 7-96 所示。

图7-95   图7-96

⑥ 再次按下 Ctrl+J 快捷键复制"图层 1 副本"，将图像朝顺时针方向旋转，如图 7-97 所示。使用橡皮擦工具 ✐ 擦除这一图层中的小光晕，只保留如图 7-98 所示的大光晕。

⑦ 按下 Ctrl+J 快捷键复制当前图层，将复制后的图像缩小，朝逆时针方向旋转，将光晕定位在如图 7-99 所示的位置，形成凤凰的头部。

图7-97

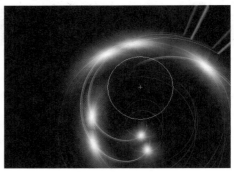

图7-98

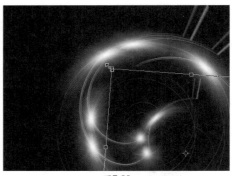

图7-99

⑧ 选择渐变工具 ▇，在工具选项栏中按下径向渐变按钮 ▇，单击渐变颜色条，打开"渐变编辑器"，调整渐变颜色，如图 7-100 所示。新建一个图层，填充径向渐变，如图 7-101 所示。设置该图层的混合模式为"叠加"，如图 7-102 所示。

图7-100

图7-101

图7-102

⑨按下 Alt+Shift+Ctrl+E 快捷键，将图像盖印到一个新的图层（图层 3）中，保留"图层 3"和背景图层，将其他图层删除，如图 7-103 所示。调整图像的高度，并将它移动到画面中心，如图 7-104 所示。使用橡皮擦工具 ✎ 擦除原来整齐的边缘，在处理靠近凤凰边缘时，将橡皮擦的不透明度设置为 50%，这样修边时可以使边缘变浅，颜色不那么强烈，如图 7-105 所示。

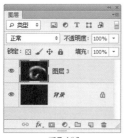
图7-103

图7-104

图7-105

⑩按下 Ctrl+J 快捷键复制当前图层，设置复制后的图层的混合模式为"变亮"，再将它朝逆时针方向旋转，如图 7-106 所示。使用橡皮擦工具 ✎ 擦除多余的区域，如图 7-107 所示。

图7-106

图7-107

⑪按下 Ctrl+U 快捷键打开"色相/饱和度"对话框，调整色相参数为 −180，如图 7-108 所示，效果如图 7-109 所示。

图7-108

图7-109

⑫继续用上面的方法制作其余图像，可以先复制凤尾图像，再调整颜色和大小，组合排列成为凤凰的形状，完成后的效果如图 7-110 所示。

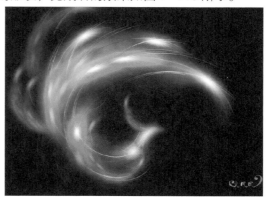
图7-110

7.8 特效实例：金银纪念币

- ●菜鸟级 ●玩家级 ●专业级
- ●实例类型：特效设计
- ●难易程度：★ ★ ★ ☆
- ●实例描述：使用滤镜和图层样式制作浮雕效果，表现纪念币边缘的纹理。

① 按下 Ctrl+O 快捷键，打开光盘中的素材文件，如图 7-111 所示。这是一个分层的 PSD 文件，用来制作纪念币的图像位于一个单独图层中，如图 7-112 所示。

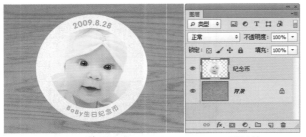

图7-111　　　　　　　　图7-112

② 执行"滤镜 > 风格化 > 浮雕效果"命令，设置参数如图 7-113 所示，创建浮雕效果，如图 7-114 所示。

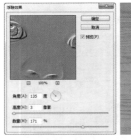

图7-113　　　　　　　　图7-114

③ 按下 Shift+Ctrl+U 快捷键去除颜色，如图 7-115 所示，再按下 Ctrl+I 快捷键将图像反相，从而反转纹理的凹凸方向，如图 7-116 所示。

图7-115　　　　　　　　图7-116

④ 双击"图层 1"，打开"图层样式"对话框，在左侧列表中选择"渐变叠加"和"投影"选项，设置参数如图 7-117、图 7-118 所示，为图层添加这两种效果，如图 7-119 所示。

图7-117

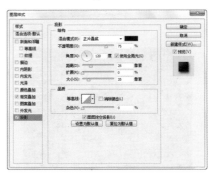

图7-118

图7-119

⑤单击"调整"面板中的 ▨ 按钮，创建"曲
线"调整图层，按下 Alt+Ctrl+G 快捷键创建剪贴蒙版，
如图 7-120 所示。在曲线上单击，添加四个控制点，
拖动这些控制点调整曲线，如图 7-121 所示。为
纪念币增添光泽，如图 7-122 所示。

图7-120   图7-121

图7-122

⑥新建一个图层，填充白色。执行"滤镜 >
素描 > 半调图案"命令，参数设置如图 7-123 所示。

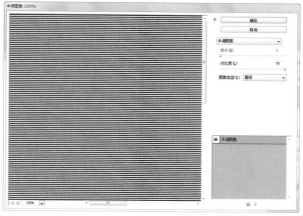

图7-123

⑦执行"编辑 > 变换 > 旋转 90 度（顺时
针）"命令，将图像旋转后按下回车键确认操作，
如图 7-124 所示。使用移动工具 ▶◆ 将条纹图像
移动到画面左侧，再按住 Shift+Alt 键拖动进行
复制，使条纹布满画面，如图 7-125 所示。

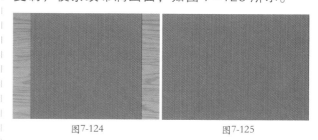

图7-124   图7-125

⑧复制条纹图像后，在"图层"面板中会新增
一个图层，如图 7-126 所示，按下 Ctrl+E 快捷键
向下合并图层，如图 7-127 所示。

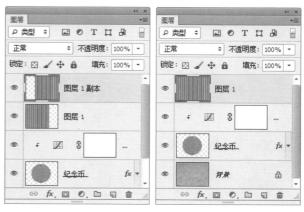

图7-126   图7-127

149

⑨执行"滤镜 > 扭曲 > 极坐标"命令，在打开的对话框中选择"平面坐标到极坐标"选项，如图 7-128、图 7-129 所示。

⑩按下 Ctrl+T 快捷键显示定界框，调整图像的宽度，再将图像向左侧拖动，使中心点与画面中心对齐，如图 7-130 所示。按下回车键确认操作。

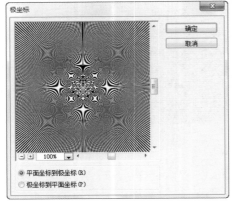

图7-128

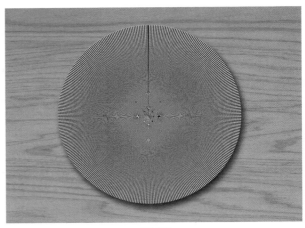

图7-133

⑫再次按住 Ctrl 键单击"纪念币"图层缩览图，载入选区，执行"选择 > 变换选区"命令，在选区上显示定界框，如图 7-134 所示。按住 Alt+Shift 键拖动定界框的一角，保持中心点位置不变将选区成比例缩小，如图 7-135 所示。按下回车键确认操作。

图7-134

图7-135

⑬单击"图层 1"的蒙版缩览图，并填充黑色，如图 7-136 所示，然后取消选择，如图 7-137 所示。

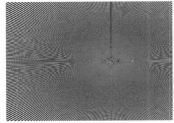

图7-129

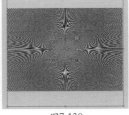

图7-130

⑪按住 Ctrl 键单击"纪念币"图层缩览图，如图 7-131 所示，载入选区。单击 按钮在选区基础上创建图层蒙版，将选区外的图像隐藏，如图 7-132、图 7-133 所示。

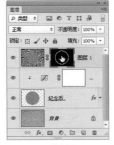

图7-136

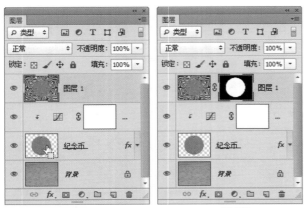

图7-131

图7-132

图7-137

⑭双击该图层，打开"图层样式"对话框，在左侧列表中选择"斜面和浮雕"效果，参数设置如图 7-138 所示，使纪念币边缘产生立体感，如图 7-139 所示。

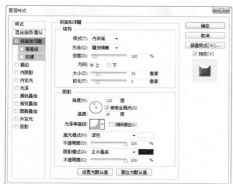

图7-138

图7-139

⑮单击"调整"面板中的 ❀ 按钮，创建"亮度 / 对比度"调整图层，增加亮度和对比度参数，使纪念币光泽度更强，如图 7-140、图 7-141 所示。

图7-140

图7-141

⑯按下 Alt+Shift+Ctrl+E 快捷键盖印图层，然后用这个图层来制作金币。执行"滤镜 > 渲染 > 光照效果"命令，打开"光照效果"对话框，在"光照类型"下拉列表中选择"聚光灯"，在右侧的颜色块上单击，打开"拾色器"设置灯光颜色。设置亮部颜色为土黄色（R180、G140、B65）、暗部颜色为深黄色（R103、G85、B1），如图 7-142 所示。拖动光源控制点,调整光源的大小,如图 7-143 所示,完成后的效果如图 7-144 所示。

图7-142

图7-143

图7-144

7.9 海报设计实例：音乐节海报

- 菜鸟级 ● 玩家级 ● 专业级
- 实例类型：平面设计
- 难易程度：★ ★ ★ ★
- 实例描述：通过滤镜表现海报的纹理，再通过混合模式将图形与纹理融合在一起。

① 按下 Ctrl+N 快捷键，打开"新建"对话框，新建一个"297×210"毫米，分辨率为72 像素 / 英寸的文件。

② 新建一个名称为"底纹"的图层，填充白色。执行"滤镜 > 素描 > 半调图案"命令，设置参数如图 7-145 所示。

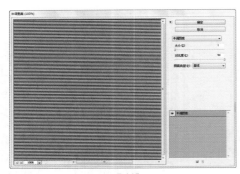

图7-145

③ 按下 Ctrl+T 快捷键显示定界框，拖动一角将图像旋转，再调整位置，如图 7-146 所示。单击"图层"面板底部的 ▣ 按钮创建蒙版，使用渐变工具 ▬ 填充线性渐变,隐藏部分纹理,如图 7-147、图 7-148 所示。

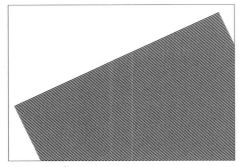

图7-146

图7-147　　　　　　图7-148

④ 选择钢笔工具 ✐，在工具选项栏中选择"形状"选项,绘制一个蓝色图形,如图 7-149、图 7-150 所示。

图7-149　　　　　　图7-150

⑤ 在画面左侧绘制一个洋红色图形，如图 7-151 所示。用同样方法绘制出更多的彩条形状，如图 7-152 所示，得到相应的形状图层。按住 Shift 键选择所有形状图层，按下 Ctrl+E 快捷键将它们合并在一个图层中，命名为"彩条"。

图7-151　　　　　　图7-152

⑥ 打开一个素材文件，如图 7-153 所示。使用移动工具 ▸⊹ 将素材拖到海报文档中，设置混合模式为"明度",按下 Alt+Ctrl+G 快捷键创建剪贴蒙版，如图 7-154、图 7-155 所示。

图7-153

图7-154　　　　　　　　　图7-155

⑦打开一个素材文件，如图 7-156 所示，执行"编辑 > 定义画笔预设"命令，将图像定义为画笔，如图 7-157 所示。

图7-156　　　　　　　　　图7-157

⑧选择画笔工具 ✐，将前景色调整为浅蓝色，在画面下拉面板中选择自定义的笔刷，在工具选项栏中设置不透明度为 30%，如图 7-158 所示，新建一个图层，在画面中单击绘制斑驳墨迹，如图 7-159 所示。

图7-158

图7-159

⑨选择横排文字工具 T，在工具选项栏中设置字体为"Arial"，输入文字，大字为 85 点、小字为 16 点，如图 7-160 所示。按住 Ctrl 键单击文字图层，将它们选取，如图 7-161 所示。按下 Ctrl+E 快捷键合并，如图 7-162 所示。按下 Ctrl+T 键显示定界框，旋转文字，如图 7-163 所示。

图7-160

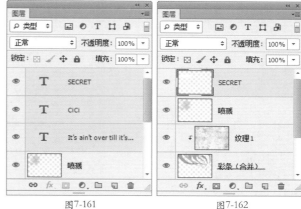

图7-161　　　　　　　　　图7-162

图7-163

⑩按住 Ctrl 键单击当前文字的缩览图，载入文字的选区，执行"选择 > 修改 > 扩展"命令，扩展选区，如图 7-164、图 7-165 所示。选择多边形套索工具 ⛺，按住 Shift 键选择选区中镂空的部分，使整个大的选区内不再有镂空的小选区，将光标放在选区内（光标变为 ▸ᵪ 状），将选区略向右下方移动，如图 7-166 所示。

图7-164

图7-165   图7-166

11 在文字图层下方新建一个图层，将前景色设置为洋红色，按下 Alt+Delete 快捷键填充颜色，如图 7-167、图 7-168 所示。

图7-167   图7-168

12 使用移动工具 ►╋ 按住 Alt 键向右下方移动洋红色图形，进行复制。按住 Ctrl 键单击"图层 1 副本"的缩览图载入选区，如图 7-169 所示，将前景色调整为深红色，按下 Alt+Delete 快捷键进行填充，如图 7-170 所示。

13 依然保持选的存在。选择移动工具 ►╋，按住 Alt 键的同时分别按下"↑"和"←"键将图形向左上方移动，移动的同时会复制图像，按下 Ctrl+D 快捷键取消选择，效果如图 7-171 所示。

图7-169

图7-170   图7-171

14 打开光盘中的素材文件，如图 7-172、图 7-173 所示。将"组 1"拖入海报文档中，如图 7-174 所示。

图7-172   图7-173

图7-174

7.10 拓展练习：两种球面全景图

● 菜鸟级 ● 玩家级 ● 专业级　　实例类型：特效设计　　视频位置：光盘 > 视频 >7.10

　　打开光盘中的素材文件，如图 7-175 所示，执行"滤镜 > 扭曲 > 极坐标"命令，打开该滤镜的对话框，选择"平面坐标到极坐标"选项，对图像进行扭曲，如图 7-176、图 7-177 所示。按下 Ctrl+T 快捷键显示定界框，拖动控制点，将天空调整为球状，如图 7-178 所示。最后用仿制仿制图章工具 ♣ 对草地进行修复，如图 7-179 所示。

图7-175

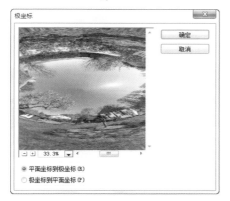

图7-176

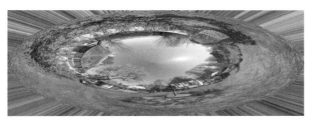

图7-177

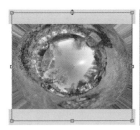 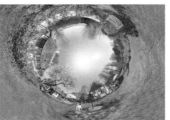

图7-178 图7-179

图7-180

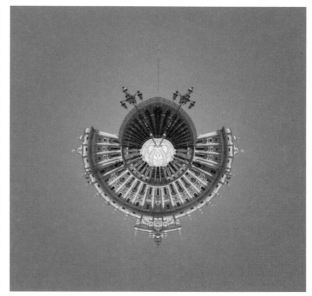

图7-181

图 7-180、图 7-181 所示为另一个图像素材及用它制作的球面效果。它的制作方法略有不同。首先需要使用"图像 > 图像大小"命令将画布改为正方形（不要勾选"约束比例"选项）；再用"图像 > 图像旋转 >180 度"命令将图像翻转过去，然后才能使用"极坐标"滤镜处理。

第08章

UI设计：图层样式与特效

  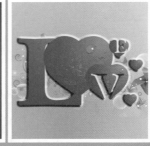 

8.1　关于UI设计

UI 是 User Interface 的简称，译为用户界面或人机界面，这一概念是上个世纪 70 年代由施乐公司帕洛阿尔托研究中心（Xerox PARC）施乐研究机构工作小组提出的，并率先在施乐一台实验性的计算机上使用。

UI 设计是一门结合了计算机科学、美学、心理学、行为学等学科的综合性艺术，是为了满足软件标准化的需求而产生，并伴随着计算机、网络和智能化电子产品的普及而迅猛发展。

UI 的应用领域主要包括手机通讯移动产品、电脑操作平台、软件产品、PDA 产品、数码产品、车载系统产品、智能家电产品、游戏产品、产品的在线推广等。国际和国内很多从事手机、软件、网站、增值服务的企业和公司都设立了专门从事 UI 研究与设计的部门，以期通过 UI 设计提升产品的市场竞争力。如图 8-1 所示为 UI 图标设计，图 8-2、图 8-3 所示为软件和平板电脑操作界面设计。

图8-1

图8-2

图8-3

8.2　图层样式

8.2.1　添加图层样式

图层样式是一种可以为图层添加特效的神奇功能，它能够让平面的图像和文字呈现立体效果，还可以生成真实的投影、光泽和图案。

图层样式需要在"图层样式"对话框中设定。我们可以通过两种方法打开该对话框。一种方法是在"图层"面板中选择一个图层，然后单击面板底部的 fx 按钮，在打开的下拉菜单中选择需要的样式，如图 8-4 所示；第二种方法是双击一个图层，如图 8-5 所示，直接打开"图层样式"对话框，然后在左侧的列表中选择需要添加的效果，如图 8-6 所示。

图8-4

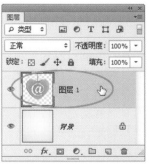
图8-5

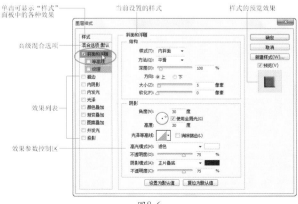
图8-6

157

"图层样式"对话框左侧是效果列表，单击一种效果即可启用它，这时对话框右侧会显示它的参数选项，可以一边调整参数，一边观察图像的变化情况，完成调整后，单击"确定"按钮即可。

提示：

如果单击效果名称前的复选框，则可以应用该效果，但不会显示效果选项。

8.2.2 效果预览

- "斜面和浮雕"效果：对图层添加高光与阴影的各种组合，使图层内容呈现立体的浮雕效果，如图 8-7 所示。
- "描边"效果：使用颜色、渐变或图案描画对象的轮廓，如图 8-8 所示。它对于硬边形状，如文字等特别有用。

图8-7 图8-8

- "内阴影"效果：在紧靠图层内容的边缘内添加阴影，使图层内容产生凹陷效果，如图 8-9 所示。
- "内发光"效果：沿图层内容的边缘向内创建发光效果，如图 8-10 所示。

图8-9 图8-10

- "光泽"效果：应用光滑光泽的内部阴影，通常用来创建金属表面的光泽外观，如图 8-11 所示。
- "颜色叠加"效果：在图层上叠加指定的颜色，如图 8-12 所示。通过设置颜色的混合模式和不透明度，可以控制叠加效果。

图8-11 图8-12

- "渐变叠加"效果：在图层上叠加渐变颜色，如图 8-13 所示。
- "图案叠加"效果：在图层上叠加图案，如图 8-14 所示。可以缩放图案、设置图案的不透明度和混合模式。

图8-13 图8-14

- "外发光"效果：沿图层内容的边缘向外创建发光效果，如图 8-15 所示。
- "投影"效果：为图层内容添加投影，使其产生立体感，如图 8-16 所示。

图8-15 图8-16

8.2.3 编辑图层样式

- 修改效果参数：添加图层样式以后，如图 8-17 所示，图层的下面会出现具体的效果名称，双击一个效果，如图 8-18 所示，即可打开"图层样式"对话框重新修改它的参数，如图 8-19、图 8-20 所示。

图8-17 图8-18

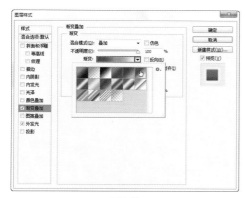

图8-19

图8-20

● 隐藏与显示效果：每一个效果前面都有眼睛图
标 ◉，单击该图标即可隐藏效果，如图 8-21
所示，再次单击则重新显示效果，如图 8-22
所示。

● 复制效果：按住 Alt 键将效果图标 fx 从一个图
层拖动到另一个图层，可以将该图层的所有效
果都复制到目标图层，如图 8-23、图 8-24 所示。
如果只需要复制一个效果，可按住 Alt 键拖动
该效果的名称至目标图层。

图8-21   图8-22

 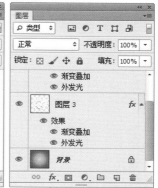

图8-23   图8-24

● 删除效果：如果要删除一种效果，可将它拖动
到面板底部的 🗑 按钮上。如果要删除一个图层
的所有效果，可以将效果图标 fx 拖动到 🗑 按钮上。

● 关闭效果列表：如果觉得"图层"面板中一长
串的效果名称占用了太多空间，可以单击效果
图标右侧的 ▾ 按钮，将列表关闭。

8.2.4　设置全局光

在"图层样式"对话框中，"投影"、"内阴影"、"斜
面和浮雕"效果都包含一个"全局光"选项，选择
了该选项后，以上效果就会使用相同角度的光源。

例如图 8-25 所示的对象添加了"斜面和浮雕"
和"投影"效果，在调整"斜面和浮雕"的光源角
度时，如果勾选了"使用全局光"选项，"投影"
的光源也会随之改变，如图 8-26 所示；如果没有
勾选该选项，则"投影"的光源不会变，如图 8-27
所示。

图8-25   图8-26   图8-27

8.2.5　调整等高线

等高线是一个地理名词，它指的是地形图上高
程相等的各个点连成的闭合曲线。Photoshop 中的
等高线用来控制效果在指定范围内的形状，以模拟
不同的材质。

在"图层样式"对话框中，"投影"、"内阴影"、"内

发光"、"外发光"、"斜面和浮雕"、"光泽"效果都包含等高线设置选项。单击"等高线"选项右侧的按钮，可以在打开的下拉面板中选择一个预设的等高线样式，如图 8-28 所示。如果单击等高线缩览图，则可以打开"等高线编辑器"修改等高线的形状。

创建投影和内阴影效果时，可以通过"等高线"来指定投影的渐隐样式，如图 8-29、图 8-30 所示。创建发光效果时，如果使用纯色作为发光颜色，等高线允许创建透明光环；使用渐变填充发光时，等高线允许创建渐变颜色和不透明度的重复变化。在斜面和浮雕效果中，可以使用"等高线"勾画在浮雕处理中被遮住的起伏、凹陷和凸起。

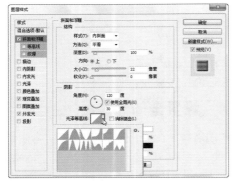

图8-28

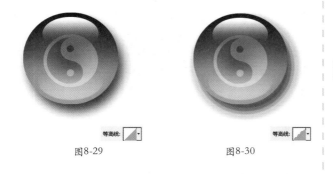

图8-29 　　　　　　　图8-30

8.3　使用样式面板

8.3.1　样式面板

"样式"面板用来保存、管理和应用图层样式。我们也可以将 Photoshop 提供的预设样式，或者外部样式库载入到该面板中使用。

- 添加样式：选择一个图层，如图 8-31 所示，单击"样式"面板中的一个样式，即可为它添加该样式，如图 8-32、图 8-33 所示。

图8-31

图8-32

图8-33

- 保存样式：用图层样式制作出满意的效果后，可单击"样式"面板中的 按钮，将效果保存起来。以后要使用时，选择一个图层，然后单该样式就可以直接应用了，非常方便。
- 删除样式：将"样式"面板中的一个样式拖动删除样式按钮上，即可将其删除。

8.3.2　载入样式库

除了"样式"面板中显示的样式外，Photoshop 还提供了其他的样式，它们按照不同的类型放在不同的库中。打开"样式"面板菜单，选择一个样式库，如图 8-34 所示，弹出一个对话框，如图 8-35 所示，单击"确定"按钮，可载入样式并替换面板中的样式；单击"追加"按钮，可以将样式添加到面板中，如图 8-36 所示。

图8-34 　　　　　　　图8-35

图8-36

小技巧：复位"样式"面板

删除"样式"面板中的样式或载入其他样式库后，如果想要让面板恢复为Photoshop默认的预设样式，可以执行"样式"面板菜单中的"复位样式"命令。

8.4 高级技巧：在原有样式上追加新效果

使用"样式"面板中的样式时，如果当前图层中添加了效果，则新效果会替换原有的效果。如果要保留原有效果，可以按住 Shift 键单击"样式"面板中的样式，如图 8-37 ~图 8-39 所示。

原有的效果 按住Shift键单击 追加的效果

图8-37 图8-38 图8-39

8.5 高级技巧：让效果与图像比例相匹配

对添加了图层样式的对象进行缩放时一定要注意，效果是不会改变比例的。例如，图 8-40 所示为缩放前的图像，图 8-41 所示为将图像缩小 50% 后的效果。缩放图像导致发光范围和投影过大、描边过粗等与原有效果不一致的现象，看起来就像小孩子穿着大人的衣服一样，很不协调。遇到这种情况时，可以执行"图层 > 图层样式 > 缩放效果"命令，在打开的对话框中对样式进行缩放，使其与图像的缩放比例相一致，如图 8-42、图 8-43 所示。

图8-40 图8-41 图8-42 图8-43

此外，使用"图像 > 图像大小"命令修改图像的分辨率时，如果文档中有图层添加了图层样式，勾选"缩放样式"选项，可以使效果与修改后的图像相匹配。否则效果会在视觉上与原来产生差异。

提示：

"缩放效果"命令只能缩放效果，而不会缩放添加了效果的图层。

8.6 高级技巧：效果与滤镜的强强联合

使用图层样式制作特效看似简单，但想要达到真实可信的程度还是需要动一番脑筋的，例如如图8-44所示的这幅作品中的金属图腾便是笔者使用图层样式和滤镜共同创建的。

图8-45　　　　　　　图8-46

图8-44

图8-47　　　　　　　图8-48

裂纹和残缺的效果是在通道中使用"云彩"和"分层云彩"滤镜制作纹理，再将通道转换为选区，然后填充黑色创建的，如图8-49、图8-50所示。

首先通过"斜面和浮雕"、"内发光"和"投影"等图层样式将纹样制作为立体效果，如图8-45、图8-46所示。当前状态下的金属表面过于光滑，而该作品要表现的是一种略带沧桑的神秘感，为此，可通过"龟裂缝"和"海洋波纹"滤镜制作纹理，叠加在图腾上，如图8-47、图8-48所示。

图8-49　　　　　　　图8-50

8.7 特效设计实例：绚彩光效

● 菜鸟级　● 玩家级　● 专业级
● 实例类型：特效设计
● 难易程度：★★★★
● 实例描述：通过图层样式表现图形的发光效果，并将图层的填充不透明度设置为0，在画面中只显示光效。添加图层蒙版，使光效若有若无，忽隐忽现。

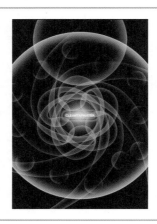

① 按下 Ctrl+N 快捷键打开"新建"对话框，创建一个 210×297 毫米，分辨率为 300 像素 / 英寸的文件。按下 D 键，将前景色恢复为黑色，按下 Alt+Delete 快捷键为图像填充黑色。

② 选择自定形状工具 ，在工具选项栏中选择"形状"选项，并选择低音谱号图形，如图 8-51 所示。按住 Shift 键（可确保图形不变形）拖动鼠标，在画面中绘制该图形，如图 8-52 所示。

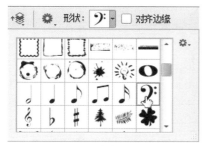

图8-51　　　　　　　　　图8-52

③ 双击"图层"面板中的"形状 1"图层，打开"图层样式"对话框，在左侧列表中分别选择"描边"和"内发光"效果，添加这两种效果，如图 8-53、图 8-54 所示。

图8-53

图8-54

④ 在"图层"面板中将"填充"值设置为 0%，处理完成后，可以隐藏图形，只显示添加的效果，如图 8-55、图 8-56 所示。

图8-55　　　　　　　　　图8-56

⑤ 单击"图层"面板底部的 按钮，新建一个图层。按住 Ctrl 键单击形状图层，将该图层与新建的图层同时选中，如图 8-57 所示。然后按下 Ctrl+E 快捷键合并，如图 8-58 所示。

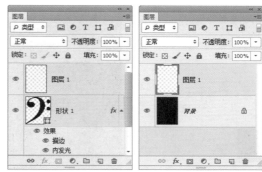

图8-57　　　　　　　　　图8-58

⑥ 按下 Ctrl+J 快捷键复制当前图层，按下 Ctrl+T 快捷键显示定界框，先将中心点移动到图形左上角，如图 8-59 所示，然后在工具选项栏中设置旋转角度为 60 度，如图 8-60 所示。之后按下回车键旋转图形。

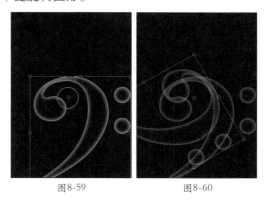

图8-59　　　　　　　　　图8-60

⑦ 先按住 Alt+Shift+Ctrl 键，再按 4 下 T 键，重复变换操作，每按一次，就会复制出一个低音谱号，如图 8-61 所示。在"图层"面板中按住 Shift 键单击"图层 1"，将它们选择，如图 8-62 所示，按下 Ctrl+E 快捷键合并，如图 8-63 所示。

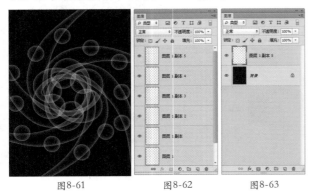

图8-61　　　　图8-62　　　　图8-63

⑧ 单击"图层"面板底部的 ▣ 按钮，创建蒙版。使用柔角画笔工具 ✎ 在图形上部涂抹黑色，使顶部的图形逐渐消失到背景中，如图 8-64、图 8-65 所示。

图8-64　　　　　　　　　图8-65

⑨ 选择椭圆工具 ⬭，在工具选项栏中选择"形状"选项，按住 Shift 键拖动鼠标绘制一个圆形。为它添加"描边"与"内发光"效果，参数与之前相同，如图 8-66、图 8-67 所示。

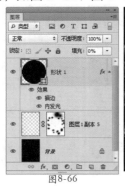
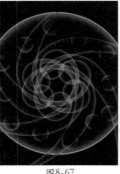

图8-66　　　　　　　图8-67

提示：

按住 Ctrl 键单击"图层 1 副本 5"，将它与当前图层同时选择，选择移动工具 ⊕，在工具选项栏中按下垂直居中对齐 ▯ 和水平居中对齐 ▯ 按钮按钮，使这两个图层的中心点对齐。

⑩ 选择"形状 1"图层，按两下 Ctrl+J 快捷键，复制出两个图层，提高圆形的亮度。按下 Ctrl+T 快捷键显示定界框，按住 Shift+Alt 键拖动定界框右下角的控制点，将图形等比缩小，图形会基于中心点向内收缩，如图 8-68 所示。按 Shift 键（可锁定垂直方向）向上移动图形，然后按下回车键确认变换，如图 8-69 所示。

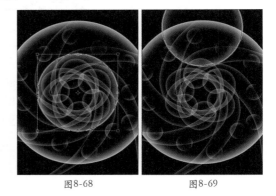

图8-68　　　　　　　　图8-69

⑪ 单击"图层"面板底部的 ▫ 按钮，新建一个图层，设置其混合模式为"叠加"。选择渐变工具 ▣，在工具选项栏中按下径向渐变按钮 ▣，单击渐变颜色条，打开"渐变编辑器"调整颜色，如图 8-70 所示。由画面中心向右下角拖动鼠标填充渐变，通过这种方法来为图像着色，如图 8-71、图 8-72 所示。

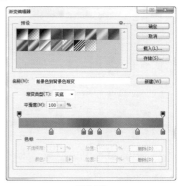

图8-70

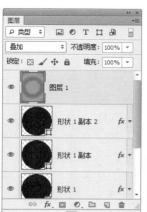
图8-71

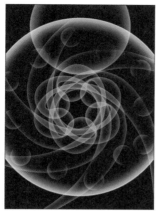
图8-72

单击"图层"面板底部的 按钮，新建一个图层，使用柔角画笔工具 （700px，不透明度80%）在画面中心点一个白点，作为光晕中心，如图8-76所示。

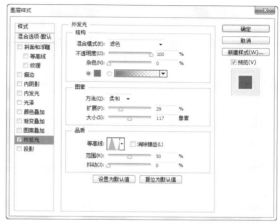
图8-75

⑫选择横排文字工具 T ，在"字符"面板中选择一种字体（Arial），文字大小设置为14点，颜色为白色，在光影中心输入一行文字"CLEANTAPWATER"，如图8-73、图8-74所示。

图8-73

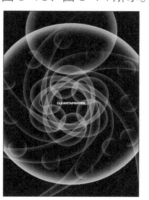
图8-74

⑬双击文字所在的图层，打开"图层样式"对话框，为文字添加外发光效果，如图8-75所示。

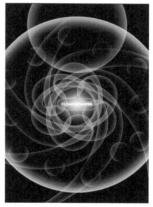
图8-76

8.8　UI设计实例：掌上电脑

- ●菜鸟级　●玩家级　●专业级
- ●实例类型：UI设计
- ●难易程度：★★★☆
- ●实例描述：通过图层样式表现电脑表面细腻的质感与屏幕的光泽。

①按下 Ctrl+N 快捷键打开"新建"对话框，在"预设"下拉列表中选择"Web"选项，在"大小"下拉列表中选择"1024×768"，单击"确定"按钮，新建一个文件。

②在背景图层上填充由白色到浅蓝色的渐变，如图 8-77 所示。新建一个图层，选择圆角矩形工具 ▢ ，在工具选项栏中设置半径为 8 毫米，创建一个圆角矩形，如图 8-78 所示。

图8-77　　　　　　　图8-78

③双击"图层 1"，在打开的对话框中选择"内发光"选项，将发光颜色设置为白色，大小为 40 像素，如图 8-79 所示。选择"渐变叠加"选项，单击渐变颜色条，打开"渐变编辑器"，调整渐变颜色和参数，如图 8-80 所示，图形的效果如图 8-81 所示。

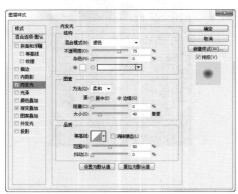

图8-79

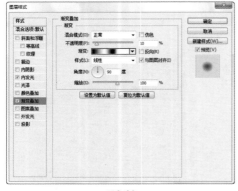

图8-80

图8-81

④新建一个图层。使用圆角矩形工具 ▢ 创建一个灰色的圆角矩形，如图 8-82 所示。为该图层添加"斜面和浮雕"和"内发光"效果，如图 8-83、图 8-84 所示。

图8-82

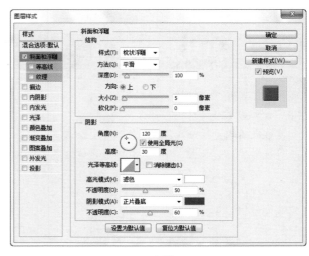

图8-83

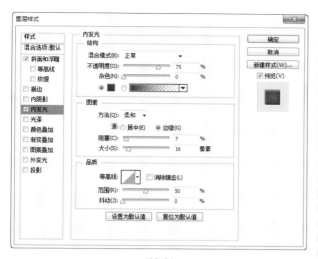

图8-84

⑤选择"渐变叠加"选项，调整渐变颜色，如图 8-85、图 8-86 所示。

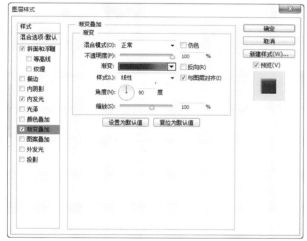

图8-85

图8-86

⑥按下 Ctrl+O 快捷键，打开光盘中的素材文件，如图 8-87 所示。

图8-87

⑦将素材图片拖动到掌上电脑文档中，生成"图层 3"，设置它的混合模式为"变亮"。按住 Ctrl 键单击"图层 2"的缩览图，载入屏幕图形的选区，如图 8-88 所示，单击添加图层蒙版按钮 ，用蒙版将选区以外的图像隐藏，如图 8-89、图 8-90 所示。

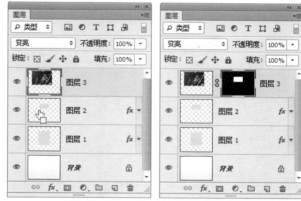

图8-88　　　　图8-89

图8-90

⑧新建一个图层。用圆角矩形工具 ▢ 绘制一个蓝色和一个绿色图形，再用椭圆选框工具 ⬭ 在矩形两边创建选区，然后按下 Delete 键删除选区的内容，再使用椭圆工具 ⬭ 创建四个圆形，如图 8-91 所示。

图8-91

⑨为该图层添加"斜面和浮雕"、"渐变叠加"样式，参数设置如图 8-92、图 8-93 所示，图形的效果如图 8-94 所示。

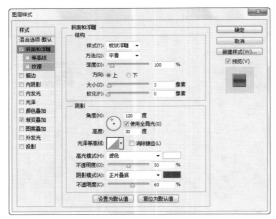

图8-92

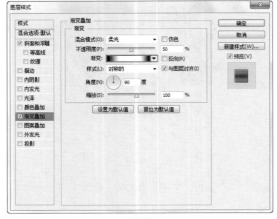

图8-93

图8-94

⑩将前景色设置为白色，选择圆角矩形工具 ▢，在工具选项栏中设置不透明度为 15%，在操作区上绘制四个细长的圆角矩形，如图 8-95 所示。使用横排文字工具 **T** 输入文字，如图 8-96 所示。

图8-95　　　　　　　　　　图8-96

⑪新建一个图层，使用圆角矩形工具 ▢ 绘制一只笔，单击"图层"面板中的 ▨ 按钮，锁定图层的透明像素，然后在图形上涂抹蓝色和绿色，将它制作成为一只电脑笔，如图 8-97 所示。将"图层 1"的样式复制到当前图层，执行"图层 > 图层样式 > 缩放效果"命令，在打开的对话框中设置缩放参数为 40%，如图 8-98 所示，效果如图 8-99 所示。

图8-97

图8-98

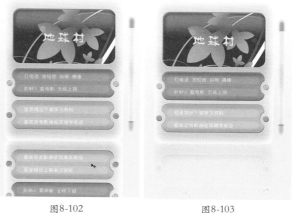

图8-99

图8-102　　　　图8-103

⑫将组成掌上电脑的图层全部选取，按下 Ctrl+E 快捷键合并，如图 8-100 所示。按住 Alt 键向下拖动合并后的图层进行复制，如图 8-101 所示。

⑭将电脑笔适当旋转，并制作出笔的投影，在背景中输入文字，再绘制一些花纹作为装饰，完成后的效果如图 8-104 所示。

图8-100

图8-101

图8-104

⑬执行"编辑 > 变换 > 垂直翻转"命令，翻转图形，再使用移动工具 将它向下移动，作为投影，如图 8-102 所示。设置该图层的混合模式为"正片叠底"。选择橡皮擦工具 ，在工具选项栏中设置不透明度为 50%，对投影图像进行擦除，越靠近画面边缘的部分越浅，如图 8-103 所示。

8.9　拓展练习：用光盘中的样式制作金属特效

● 菜鸟级　● 玩家级　● 专业级　　　实例类型：特效字　　　视频位置：光盘 > 视频 > 8.9

在"样式"面板的菜单中有一个"载入样式"命令，通过该命令可以将外部样式库载入到 Photoshop 中使用。例如，本书的光盘中提供了许多样式库，可以用"载入样式"命令将它们载入，如图 8-105 所示中可爱的特效字就是用光盘中的样式制作的。制作方法是，打开光盘中的素材文件，如图 8-106 所示，通过"载入样式"命令加载光盘中的样式，如图 8-107、图 8-108 所示，然后为小熊和文字图像添加该样式，如图 8-109、图 8-110 所示。

图8-108

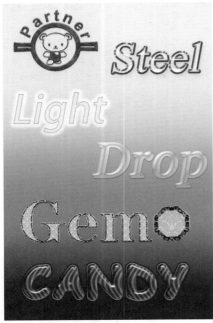

图8-105

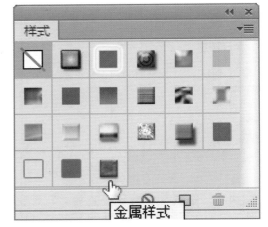

图8-109

图8-106

图8-107

图8-110

第09章

字体设计：文字的创建与编辑

9.1 关于字体设计

9.1.1 字体设计的原则

　　文字是人类文化的重要组成部分，也是信息传达的主要方式。字体设计以其独特的艺术感染力，广泛应用于视觉传达设计中，好的字体设计是增强视觉传达效果、提高审美价值的一种重要组成因素。

　　字体设计首先应具备易读性，即在遵循形体结构的基础上进行变化，不能随意改变字体的结构，增减笔划，随意造字，切忌为了设计而设计，文字设计的根本目的是为了更好地表达设计的主题和构想理念，不能为变而变。第二要体现艺术性，文字应做到风格统一、美观实用、创意新颖，且有一定的艺术性。第三是要具备思想性，字体设计应从文字内容出发，能够准确地诠释文字的精神含义。

9.1.2 字体的创意方法

- 外形变化：在原字体的基础之上通过拉长或者压扁，或者根据需要进行弧形、波浪型等变化处理，突出文字特征或以内容为主要表达方式，如图9-1所示。

- 笔画变化：笔画的变化灵活多样，如在笔画的长短上变化，或者在笔画的粗细上加以变化等。笔画的变化应以副笔变化为主，主要笔画变化较少，可避免因繁杂而不易识别，如图9-2所示。

图9-1

图9-2

- 结构变化：将文字的部分笔画放大、缩小，或者改变文字的重心、移动笔画的位置，都可以使字形变得更加新颖独特，如图9-3、图9-4所示。

图9-3　　　　　　　　　　图9-4

9.1.3 创意字体的类型

- 形象字体：将文字与图画有机结合，充分挖掘文字的含义，再采用图画的形式使字体形象化，如图9-5、图9-6所示。

图9-5　　　　　　　　　　图9-6

- 装饰字体：装饰字体通常以基本字体为原型，采用内线、勾边、立体、平行透视等变化方法，使字体更加活泼、浪漫，富于诗情画意，如图9-7所示。

- 书法字体：书法字体美观流畅、欢快轻盈，节奏感和韵律感都很强，但易读性较差，因此只适宜在人名、地名等短句上使用，如图9-8所示。

图9-7　　　　　　　　　　图9-8

9.2 创建文字

9.2.1 文字功能概览

Photoshop 中的文字是由以数学方式定义的形状组成的，在将其栅格化以前，Photoshop 会保留基于矢量的文字轮廓，因此，我们可以任意缩放文字，或调整文字大小而不会出现锯齿。

在 Photoshop 中我们可以通过 3 种方法创建文字：在点上创建、在段落中创建和沿路径创建。Photoshop 提供了 4 种文字工具，其中，横排文字工具 T 和直排文字工具 ↓T 用来创建点文字、段落文字和路径文字，横排文字蒙版工具 ▦ 和直排文字蒙版工具 ↓▦ 用来创建文字状选区。

9.2.2 创建点文字

点文字是一个水平或垂直的文本行。在处理标题等字数较少的文字时，可以通过点文字来完成。

（1）创建点文字

选择横排文字工具 T （也可以选择直排文字工具 ↓T 创建直排文字），在工具选项栏中设置字体、大小和颜色，如图 9–9 所示，在需要输入文字的位置单击，设置插入点，画面中会出现闪烁的"I"形光标，如图 9–10 所示，此时可输入文字，如图 9–11 所示。单击工具选项栏中的 ✔ 按钮结束文字的输入操作，"图层"面板中会生成一个文字图层，如图 9–12 所示。如果要放弃输入，可以按下工具选项栏中的 🚫 按钮或 Esc 键。

图9-9

图9-10　　　图9-11　　　图9-12

（2）编辑文字

使用横排文字工具 T 在文字上单击并拖动鼠标选择部分文字，如图 9–13 所示，在工具选项栏中修改所选文字的颜色（也可以修改字体和大小），如图 9–14 所示。如果重新输入文字，则可修改所选文字，如图 9–15 所示。

图9-13　　　　图9-14　　　　图9-15

按下 Delete 键可删除所选文字，如图 9–16 所示。如果要添加文字内容，可以将光标放在文字行上，光标变为"I"状时，单击鼠标，设置文字插入点，如图 9–17 所示，此时输入文字便可添加文字内容，如图 9–18 所示。

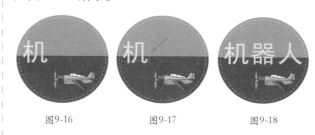

图9-16　　　　图9-17　　　　图9-18

9.2.3 创建段落文字

段落文字是在定界框内输入的文字，它具有自动换行、可调整文字区域大小等优势。在需要处理文字量较大的文本（如宣传手册）时，可以使用段落文字来完成。

（1）创建段落文字

选择横排文字工具 T ，在工具选项栏中设置字体、字号和颜色，在画面中单击并向右下角拖出一个定界框，如图 9–19 所示，放开鼠标时，会出现闪烁的"I"形光标，如图 9–20 所示，此时可输入文字，当文字到达文本框边界时会自动换行，如图 9–21 所示。单击工具选项栏中的 ✔ 按钮，完成段落文本的创建。

图9-19　　　　图9-20　　　　图9-21

提示：

在单击并拖动鼠标定义文字区域时，如果同时按住 Alt 键，会弹出"段落文字大小"对话框，输入"宽度"和"高度"值，可以精确定义文字区域的大小。

（2）编辑段落文字

创建段落文字后，使用横排文字工具 **T** 在文字中单击，设置插入点，同时显示文字的定界框，如图 9-22 所示，拖动控制点调整定界框的大小，文字会在调整后的定界框内重新排列，如图 9-23 所示。按住 Ctrl 键拖动控制点，可以等比缩放文字，如图 9-24 所示。将光标移至定界框外，当指针变为弯曲的双向箭头时拖动鼠标可以旋转文字，如图 9-25 所示。如果同时按住 Shift 键，则能够以15°角为增量进行旋转。

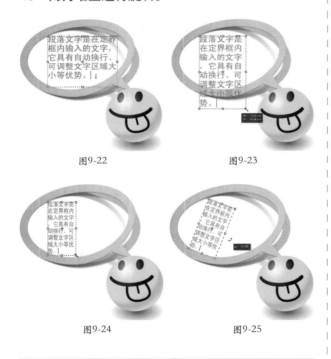

图9-22　　　　　图9-23

图9-24　　　　　图9-25

9.2.4　创建路径文字

路径文字是指创建在路径上的文字，文字会沿着路径排列，改变路径形状时，文字的排列方式也会随之改变。

用钢笔工具 ✏ 或自定形状工具 ❀ 绘制一个矢量图形，然后选择横排文字工具 **T**，将光标放在

路径上，光标会变为 状，如图 9-26 所示，单击鼠标，画面中会闪烁的"I"形光标，此时输入文字，它们就会沿着路径排列，如图 9-27 所示。选择路径选择工具 ▶ 或直接选择工具 ▶，将光标定位在文字上，当光标变为 ▶ 状时，单击并拖动鼠标，可以沿着路径移动文字，如图 9-28 所示；朝向路径另一侧拖动，则可将文字翻转过去，如图 9-29 所示。

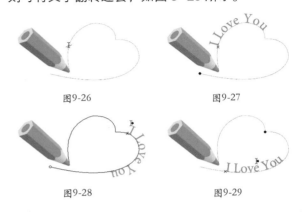

图9-26　　　　　　　　图9-27

图9-28　　　　　　　　图9-29

9.3　编辑文字

9.3.1　格式化字符

格式化字符是指设置字符的属性。在输入文字之前，我们可以在工具选项栏或"字符"面板中设置文字的字体、大小和颜色等属性，创建文字之后，也可以通过以上两种方式修改字符的属性。图 9-30 所示为横排文字工具 **T** 的选项栏，如图 9-31 所示为"字符"面板。

设置字体　　　　　　设置文字大小　　　对齐文本　　显示/隐藏字符和段落面板

更改文本方向　　设置字体样式　　　　　消除锯齿　设置文本颜色　创建变形文字

图9-30

字体系列　　　　　　　　　　　　　　　字体样式
字体大小　　　　　　　　　　　　　　　设置行距
字距微调　　　　　　　　　　　　　　　字距调整
比例间距
垂直缩放　　　　　　　　　　　　　　　字距调整
基线偏移　　　　　　　　　　　　　　　文字颜色
特殊字体样式
OpenType字体
连字及拼写规则　　　　　　　　　　　　消除锯齿

图9-31

提示：

默认情况下，设置字符属性时会影响所选文字图层中的所有文字，如果要修改部分文字，可以先用文字工具将它们选择，再进行编辑。

小技巧：文字编辑技巧

- 调整文字大小：选取文字后，按住 Shift+Ctrl 键并连续按下 > 键，能够以 2 点为增量将文字调大；按下 Shift+Ctrl+< 键，则以 2 点为增量将文字调小。
- 调整字间距：选取文字以后，按住 Alt 键并连续按下 → 键可以增加字间距；按下 Alt+ ← 键，则减小字间距。
- 调整行间距：选取多行文字以后，按住 Alt 键并连续按下 ↑ 键可以增加行间距；按下 Alt+ ↓ 键，则减小行间距。

9.3.2　格式化段落

格式化段落是指设置文本中的段落属性，如设置段落的对齐、缩进和文字行的间距等。"段落"面板用来设置段落属性，如图 9-32 所示。如果要设置单个段落的格式，可以用文字工具在该段落中单击，设置文字插入点并显示定界框，如图 9-33 所示。如果要设置多个段落的格式，先要选择这些段落，如图 9-34 所示。如果要设置全部段落的格式，则可在"图层"面板中选择该文本图层，如图 9-35 所示。

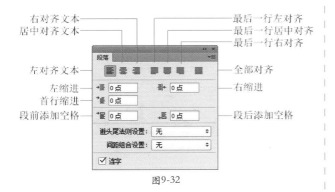

图9-32

图9-33

图9-34

图9-35

9.3.3　栅格化文字

文字与路径一样，也是一种矢量对象，因此，渐变工具 ■ 以及其他图像编辑工具，如画笔工具 ✎ 、滤镜以及各种调色命令都不能用来处理文字。如果要使用上述工具，需要先将文字栅格化。具体操作方法是在文字图层上单击右键，打开下拉菜单，选择"栅格化文字"命令，如图 9-36 所示。文字栅格化后会变为图像，文字内容就不能再修改了，如图 9-37 所示。

图9-36

图9-37

9.4 高级技巧：基于现有文字的矢量变形处理

在平面设计中，文字是一个作品的重要组成部分，它不仅可以传递信息，还能起到美化版面、强化主题的作用。如果使用预设的文字无法达到需要的效果，则可以将文字转换为矢量形状，然后再对形状进行变形。例如如图9-38所示为使用预设字体创建的文字标题，如图9-39所示是将文字转换为形状后，在原字型的基础上对文字的笔画、结构等进行变化制作出的艺术字。

图9-42　　　　　　　图9-43

如果不希望破坏文字图层，可以执行"文字 > 创建工作路径"命令，基于文字创建路径，原文字图层保持不变，路径和文字彼此独立，可以单独修改且互不影响。

图9-38　　　　　　　图9-39

在基于现有的文字进行变形时，首先要选择文字所在的图层，如图9-40所示，然后执行"文字 > 转换为形状"命令，将文字转换为形状，文字图层也转变为带有矢量蒙版的图层，如图9-41所示。此时可以使用锚点编辑工具修改矢量蒙版中的图形，从而制作出变化更为丰富的变形文字，如图9-42、图9-43所示。

小知识：Photoshop文字的适用范围

对于从事设计工作的人员，用Photoshop完成海报、平面广告等文字量较少的设计任务是没有任何问题的。但如果是以文字为主的印刷品，如宣传册、商场的宣传单等，还是尽量用排版软件（InDesign）做比较好，因为Photoshop的文字编排能力还不够强大，过于细小的文字打印时容易出现模糊。

9.5 特效字实例：牛奶字

- ●菜鸟级 ●玩家级 ●专业级
- ●实例类型：特效字
- ●难易程度：★★★☆
- ●实例描述：在通道中制作塑料包装效果，载入选区后应用到图层中，制作出奶牛花纹字。

图9-40　　　　　　　图9-41

① 按下 Ctrl+O 快捷键，打开光盘中的素材文件，如图 9-44、图 9-45 所示。单击"通道"面板中的 🔲 按钮，创建一个通道，如图 9-46 所示。

图9-44

图9-45　　　　　　　　　　图9-46

② 选择横排文字工具 T，打开"字符"面板，选择字体并设置字号，文字颜色为白色，如图 9-47 所示，在画面中单击并输入文字，如图 9-48 所示。

图9-47　　　　　　　　　　图9-48

③ 按下 Ctrl+D 快捷键取消选择。将 Alpha 1 通道拖到面板底部的 🔲 按钮上复制，如图 9-49 所示。执行"滤镜 > 艺术效果 > 塑料包装"命令，设置参数如图 9-50 所示，效果如图 9-51 所示。

图9-49

图9-50　　　　　　　　　　图9-51

④ 按住 Ctrl 键单击"Alpha1 副本"通道，载入选区，如图 9-52 所示，按下 Ctrl+2 键返回到 RGB 复合通道，显示彩色图像，如图 9-53 所示。

图9-52　　　　　　　　　　图9-53

⑤ 单击"图层"面板底部的 🔲 按钮，新建一个图层，在选区内填充白色，如图 9-54、图 9-55 所示。然后按下 Ctrl+D 快捷键取消选择。

图9-54　　　　　　　　　　图9-55

⑥ 按住 Ctrl 键单击"Alpha1"通道，载入选区，如图 9-56 所示。执行"选择 > 修改 > 扩展"命令扩展选区，如图 9-57、图 9-58 所示。

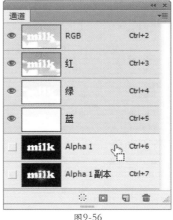

图9-56

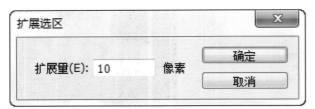

图9-57

图9-58

⑦单击"图层"面板底部的 按钮基于选区创建蒙版，如图 9-59、图 9-60 所示。

图9-59　　　　　　　图9-60

⑧双击文字图层，打开"图层样式"对话框，在左侧列表中选择"斜面和浮雕"、"投影"选项，添加这两种效果，如图 9-61 ~ 图 9-63 所示。

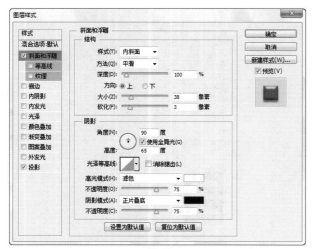

图9-61

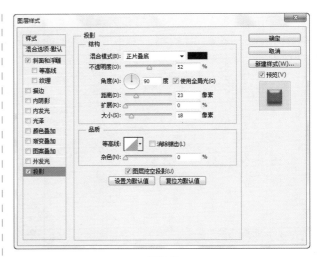

图9-62

图9-63

⑨单击"图层"面板底部的 按钮，新建一个图层。将前景色设置为黑色，选择椭圆工具 ，在工具选项栏中选择"像素"选项，按住 Shift 键在画面中绘制几个圆形，如图 9-64 所示。

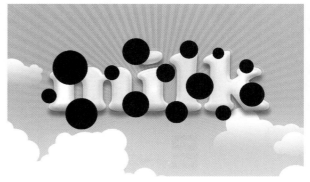

图9-64

⑩执行"滤镜 > 扭曲 > 波浪"命令，对圆点进行扭曲，如图 9-65、图 9-66 所示。

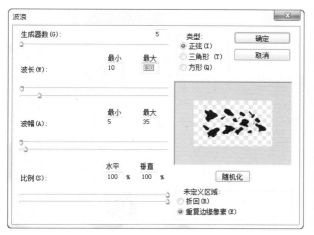

图9-65

图9-66

⑪按下 Ctrl+Alt+G 快捷键创建剪贴蒙版，将花纹的显示范围限定在下面的文字区域内，如图 9-67 所示。在画面中添加其他文字,显示"热气球"图层，如图 9-68 所示。

图9-67

图9-68

9.6 特效字实例：面包字

- ●菜鸟级 ●玩家级 ●专业级
- ●实例类型：特效字
- ●难易程度：★★★☆
- ●实例描述：在通道中制作带有面包质感的纹理图，通过光照效果滤镜将通道图像映射到文字中。

①按下 Ctrl+O 快捷键,打开光盘中的素材文件，如图 9-69 所示。这是一个分层文件，文字已转换成图像，如图 9-70 所示。

图9-69　　　　　　　图9-70

②双击"面包干"图层,添加"内发光"和"颜色叠加"效果，使文字呈现出面包的橙黄色，如图 9-71 ~ 图 9-73 所示。

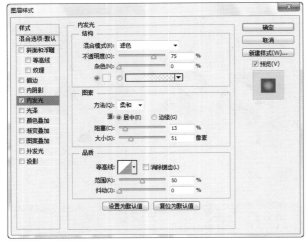

图9-71

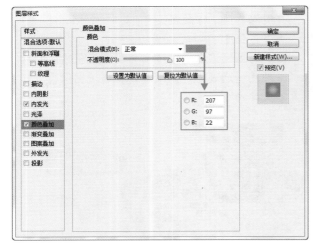

图9-72

图9-73

④ 单击"通道"面板中的创建新通道按钮 ，新建Alpha 1通道，如图9-75所示。执行"滤镜 > 渲染 > 云彩"命令，效果如图9-76所示。执行"滤镜 > 渲染 > 分层云彩"命令，效果如图9-77所示。

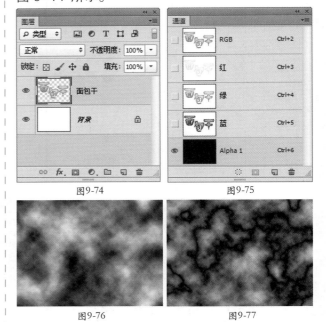

图9-74　　　　　　　　　　图9-75

图9-76　　　　　　　　　　图9-77

提示：

"云彩"滤镜可以使用介于前景色与背景色之间的随机值生成柔和的云彩图案。要生成色彩较为分明的云彩图案，可按住Alt键执行"云彩"命令。

⑤ 按下 Ctrl+L 快捷键打开"色阶"对话框，向左侧拖动白色滑块，使灰色变为白色，如图 9-78、图 9-79 所示。

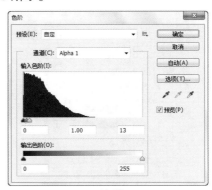

图9-78

③ 在"面包干"图层上单击鼠标右键，在打开的菜单中选择"栅格化图层样式"，图层样式会转换到图像中，如图 9-74 所示。

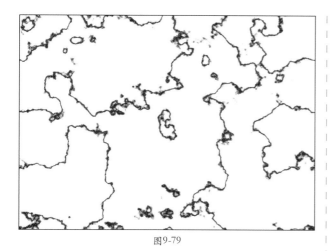

图9-79

⑥执行"滤镜 > 扭曲 > 海洋波纹"命令，使图像看起来像是在水下面，如图 9-80 所示。单击对话框底部的 □ 按钮，新建一个效果图层，单击 ⋎ 按钮，显示滤镜名称及缩览图，然后选择"扩散亮光"滤镜，在图像中添加白色杂色，并从图像中心向外渐隐亮光，使图像产生一种光芒漫射的效果，如图 9-81 所示。

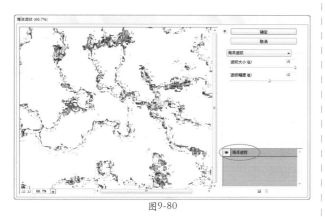

图9-80

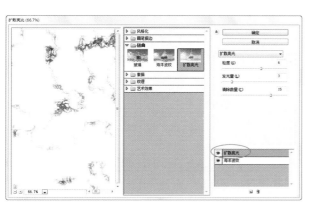

图9-81

提示：

"扩散亮光"滤镜可以将照片处理为柔光效果，亮光的颜色由背景色决定，因此，选择不同的背景色，可以产生不同的视觉效果。

⑦执行"滤镜 > 杂色 > 添加杂色"命令，在画面中添加颗粒，如图 9-82、图 9-83 所示。按下 Ctrl+I 快捷键反相，如图 9-84 所示。

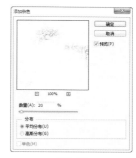

图9-82

图9-83　　　　　　　　图9-84

⑧按下 Ctrl+2 键返回彩色图像编辑状态，当前的工作图层为"面包干"图层。执行"滤镜 > 渲染 > 光照效果"命令，默认的光照类型为"点光"，它是一束椭圆形的光柱，拖动中央的圆圈可以移动光源位置，拖动手柄可以旋转光照，将光照方向定位在右下角，在"纹理通道"下拉列表中选择 Alpha 1 通道，如图 9-85 所示，将 Alpha 通道中的图像映射到文字，这样就可以生成干裂粗糙的表面了，如图 9-86 所示。

图9-85　　　　　　　　图9-86

⑨双击"面包干"图层，分别添加"投影"、"斜面和浮雕"效果，表现出面包的厚度，如图9-87～图9-89所示。

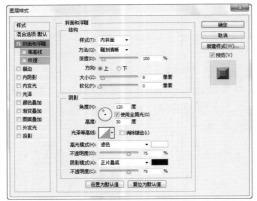

图9-87

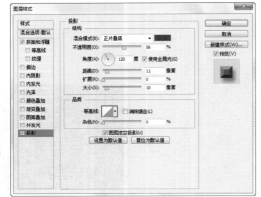

图9-88

图9-89

⑩按住 Ctrl 键单击该图层的缩览图，载入文字的选区，如图9-90所示。单击"调整"面板中的 按钮，创建"色阶"调整图层，将图像调亮并适当增加对比度，如图9-91、图9-92所示，同时，"图层"面板中会基于选区生成一个色阶调整图层，原来的选区范围会变为调整图层蒙版中的白色区域，如图9-93所示。

图9-90　　　　图9-91

图9-92　　　　图9-93

⑪单击"调整"面板中的 按钮，创建"色相/饱和度"调整图层，适当增加饱和度，使面包干颜色鲜亮，如图9-94、图9-95所示。

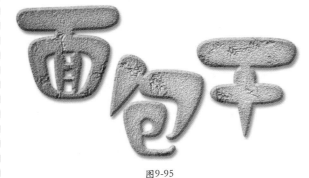

图9-94

 提示：

　　勾选"色相/饱和度"面板中的"着色"选项，可以将图像转换为只有一种颜色的单色图像。

图9-95

9.7 特效字实例：糖果字

- ●菜鸟级 ●玩家级 ●专业级
- ●实例类型：特效字
- ●难易程度：★ ★ ★ ☆
- ●实例描述：使用图层样式制作立体字，再将自定义的纹理图案通过"图案叠加"效果应用于文字表面，制作出可爱的糖果特效字。

① 按下 Ctrl+O 快捷键，打开光盘中的素材，如图 9-96 所示。执行"编辑 > 定义图案"命令，弹出"图案名称"对话框，如图 9-97 所示，单击"确定"按钮，将纹理定义为图案。

图9-96

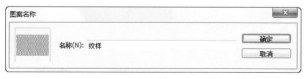

图9-97

② 再打开一个文件，如图 9-98 所示。双击文字所在的图层，如图 9-99 所示，打开"图层样式"对话框。

图9-98　　　　　　图9-99

③ 添加"投影"、"内阴影"、"外发光"、"内发光"、"斜面和浮雕"、"颜色叠加"、"渐变叠加"效果，如图 9-100 ~ 图 9-107 所示。

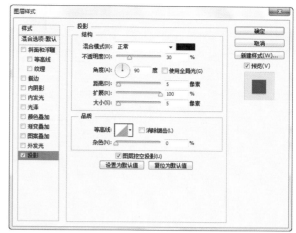

图9-100

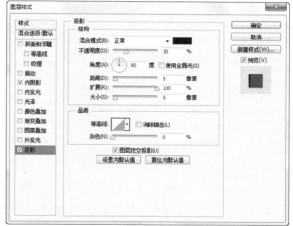

图9-101

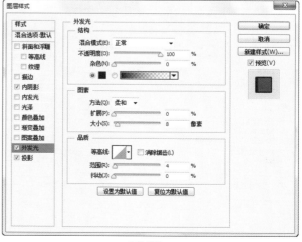

图9-102

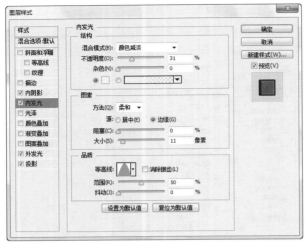

图9-103

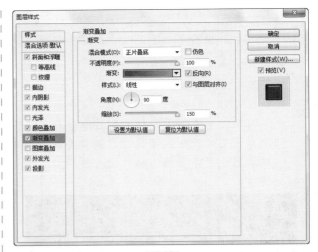

图9-106

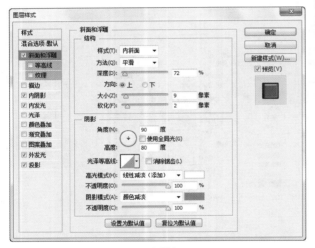

图9-104

图9-107

④在左侧列表中选择"图案叠加"选项，单击"图案"选项右侧的三角按钮，打开下拉面板，选择自定义的图案，设置图案的缩放比例为150%，如图9-108所示。

⑤最后再添加一个"描边"效果，如图9-109所示，完成糖果字的制作，如图9-110所示。

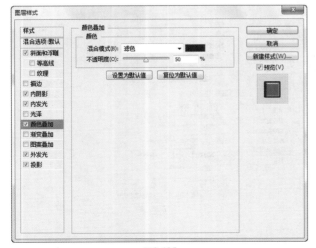

图9-105

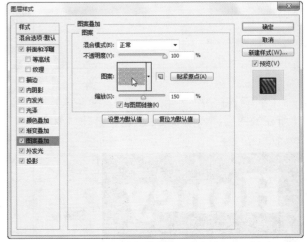

图9-108

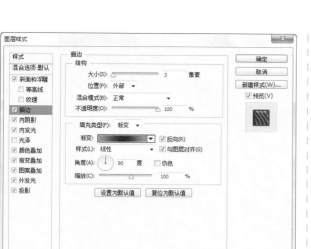

图9-109

图9-110

9.8 拓展练习：雾状变形字

● 菜鸟级　●玩家级　●专业级　　实例类
型：特效字　　视频位置：光盘 > 视频
> 9.8

创建文字以后，我们可以对它进行变形处理。
例如图 9-111 所示的类似于雾气状的特效字是对
素材中的文字进行扭曲，并添加外发光效果制作而
成的。

图9-111

本实例的操作方法是选择素材中的文字图层，
如图 9-112 所示，执行"文字 > 文字变形"命令，
打开"变形文字"对话框进行参数的设定，如图 9-113
所示。"样式"下拉列表中有 15 种变形样式，选择
一种之后，还可以调整弯曲程度，以及应用透视扭
曲效果。扭曲文字以后，为它添加"外发光"效果，
发光颜色设置为黄色，再将"图层"面板中的"填充"
参数设置为 0% 就可以了。

图9-112

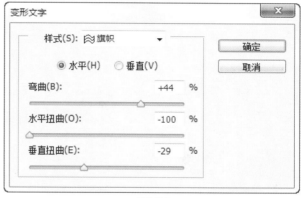

图9-113

第10章

卡通和动漫设计：矢量、动画与视频

10.1 关于卡通和动漫

10.1.1 卡通

卡通是英语"cartoon"的汉语音译。卡通作为一种艺术形式最早起源于欧洲。17世纪的荷兰，画家的笔下首次出现了含卡通夸张意味的素描图轴。17世纪末，英国的报刊上出现了许多类似卡通的幽默插图。随着报刊出版业的繁荣，到了18世纪初，出现了专职卡通画家。20世纪是卡通发展的黄金时代，这一时期美国卡通艺术的发展水平居于世界的领先地位，期间诞生了超人、蝙蝠侠、闪电侠、潜水侠等超级英雄形象。二次战后，日本卡通正式如火如荼的展开，从手冢治虫的漫画发展出来的日本风味的卡通，再到宫崎骏的崛起，在全世界都造成了一股旋风。如图10-1所示为各种版本的多啦A梦趣味卡通形象。

图10-1

10.1.2 动漫

动漫属于CG（ComputerGraphics简写）行业，主要是指通过漫画、动画结合故事情节，以平面二维、三维动画、动画特效等表现手法，形成特有视觉艺术的创作模式。包括前期策划、原画设计、道具与场景设计、动漫角色设计等环节。用于制作动漫的软件主要包括：2D动漫软件 Animo、Retas Pro、Usanimatton；3D动漫软件 3ds max，Maya、Lightwave；网页动漫软件 Flash。动漫及其衍生品有着非常广阔的市场，现在动漫已经从平面媒体和电视媒体扩展到游戏机，网络，玩具等众多领域，如图10-2、图10-3所示。

宫崎骏动画作品《千与千寻》

图10-2

Tad Carpenter玩具公仔设计

图10-3

小知识：CG

国际上习惯将利用计算机技术进行视觉设计和生产的领域通称为CG，它几乎囊括了当今电脑时代中所有的视觉艺术创作活动，如平面印刷品的设计、网页设计、三维动画、影视特效、多媒体技术、以计算机辅助设计为主的建筑设计，以及工业造型设计等。

10.2 矢量功能

10.2.1 绘图模式

Photoshop 中的钢笔工具 ✐、矩形工具 ▭、椭圆工具 ⬭、自定形状工具 ✿ 等属于矢量工具，它们可以创建不同类型的对象，包括形状图层、工作路径和像素图形。选择一个矢量工具后，需要先在工具选项栏中选择相应的绘制模式，然后再进行绘图操作。

选择"形状"选项后，可在单独的形状图层中创建形状。形状图层由填充区域和形状两部分组成，填充区域定义了形状的颜色、图案和图层的不透明度，形状则是一个矢量图形，它同时出现在"路径"面板中，如图 10-4 所示。

图10-4

选择"路径"选项后，可创建工作路径，它出现在"路径"面板中，如图 10-5 所示。路径可以转换为选区或创建矢量蒙版，也可以填充和描边从而得到光栅化的图像。

图10-5

选择"像素"选项后，可以在当前图层上绘制栅格化的图形（图形的填充颜色为前景色）。由于不能创建矢量图形，因此，"路径"面板中也不会有路径，如图 10-6 所示。该选项不能用于钢笔工具。

图10-6

10.2.2 路径运算

使用魔棒和快速选择等工具选取对象时，通常都要对选区进行相加、相减等运算，以使其符合要求。使用钢笔工具或形状工具时，也要对路径进行相应的运算，才能得到想要的轮廓。

单击工具选项栏中的 ▣ 按钮，可以在打开的下拉菜单中选择路径运算方式，如图 10-7 所示。下面有两个矢量图形，如图 10-8 所示，邮票是先绘制的路径，人物是后绘制的路径。绘制完邮票图形后，按下不同的运算按钮，再绘制人物图形，就会得到不同的运算结果。

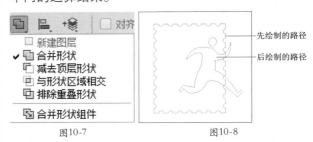

图10-7　　　　　　　　图10-8

● 新建图层 ▫：按下该按钮，可以创建新的路径层。

● 合并形状 ▣：按下该按钮，新绘制的图形会与现有的图形合并，如图 10-9 所示。

● 减去顶层形状 ▣：按下该按钮，可从现有的图形中减去新绘制的图形，如图 10-10 所示。

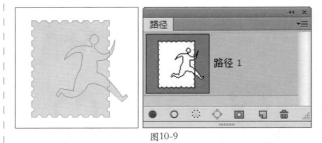

图10-9

图10-10

● 与形状区域相交 ▣：按下该按钮，得到的图形为新图形与现有图形相交的区域，如图 10-11 所示。

- 排除重叠形状 ⊡ ：按下该按钮，得到的图形为合并路径中排除重叠的区域，如图 10-12 所示。

图10-11

图10-12

- 合并形状组件 ⊡ ：按下该按钮，可以合并重叠的路径组件。

10.2.3 路径面板

"路径"面板用于保存和管理路径，面板中显示了每条存储的路径，当前工作路径和当前矢量蒙版的名称和缩览图，如图 10-13 所示。

图10-13

- 路径 / 工作路径 / 矢量蒙版：显示了当前文档中包含的路径，临时路径和矢量蒙版。
- 用前景色填充路径 ● ：用前景色填充路径区域。
- 用画笔描边路径 ○ ：用画笔工具对路径进行描边。
- 将路径作为选区载入 ⊕ ：将当前选择的路径转换为选区。

- 从选区生成工作路径 ◇ ：从当前的选区中生成工作路径。
- 添加蒙版 �’ ：从当前路径创建蒙版。例如，图 10-14 所示为当前图像，在"路径"面板中选择路径层，单击添加蒙版按钮 �’ ，如图 10-15 所示，即可从路径中生成矢量蒙版，如图 10-16 所示。

图10-14

图10-15 　　　　　图10-16

- 创建新路径 ⊡ ：单击该按钮可以创建新的路径层。
- 删除当前路径 🗑 ：选择一个路径层，单击该按钮可将其删除。

小知识：工作路径

使用钢笔工具或形状工具绘图时，如果单击"路径"面板中的创建新路径按钮 ⊡ ，新建一个路径层，然后再绘图，可以创建路径；如果没有按下 ⊡ 按钮而直接绘图，则创建的是工作路径。工作路径是一种临时路径，用于定义形状的轮廓。将工作路径拖动到面板底部的 ⊡ 按钮上，可将其转换为路径。

10.3 用钢笔工具绘图

10.3.1 了解路径与锚点

路径是钢笔工具或形状工具创建的矢量对象，一条完整的路径由一个或多个直线段或曲线段组成，用来连接这些路径的对象是锚点，如图 10-17 所示。锚点分为两种，一种是平滑点，另一种是角点，平滑的曲线由平滑点连接而成，如图 10-18 所示，直线和转角曲线则由角点连接而成，如图 10-19、图 10-20 所示。

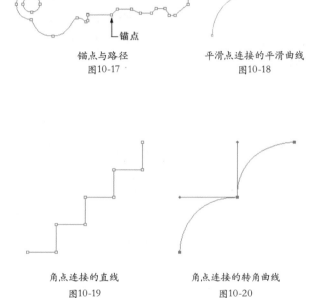

曲线路径段　　　直线路径段

锚点

锚点与路径　　　　平滑点连接的平滑曲线
图10-17　　　　　　　　图10-18

角点连接的直线　　　角点连接的转角曲线
图10-19　　　　　　　　图10-20

在曲线路径段上，每个锚点都包含一条或两条方向线，方向线的端点是方向点，如图 10-21 所示，移动方向点可以改变方向线的长度和方向，从而改变曲线的形状。移动平滑点上的方向线时，可以同时影响该点两侧的路径段，如图 10-22 所示；移动角点上的方向线时，只影响与该方向线同侧的路径段，如图 10-23 所示。

方向线

方向点

方向线和方向点　　移动平滑点上的方向线　　移动角点上的方向线
图10-21　　　　　　图10-22　　　　　　图10-23

10.3.2　绘制直线

选择钢笔工具，在工具选项栏中选择"路径"选项，在文档窗口单击可以创建锚点，放开鼠标按键，然后在其他位置单击可以创建路径，按住 Shift 键单击可锁定水平、垂直或以 45 度为增量创建直线路径。要封闭路径，可在路径的起点处单击。如图 10-24 所示为一个矩形的绘制过程。

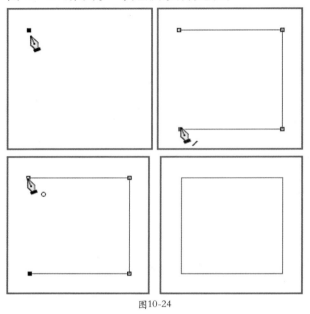

图10-24

如果要结束一段开放式路径的绘制，可以按住 Ctrl 键（转换为直接选择工具）在画面的空白处单击，单击其他工具，或者按下 Esc 键也可以结束路径的绘制。

提示：

在"路径"面板路径层下方的空白处单击，可以取消路径的选择，文档窗口中便不会显示路径。此外，按下Ctrl+H快捷键则可以在选择路径的状态下隐藏或显示路径。

10.3.3　绘制曲线

钢笔工具可以绘制任意形状的光滑曲线。选择该工具后，在画面单击并按住鼠标按键拖动可以创建平滑点（在拖动的过程中可以调整方向线的长度和方向），将光标移动至下一处位置，单击并拖动鼠标创建第二个平滑点，继续创建平滑点，可以生成光滑的曲线，如图 10-25 所示。

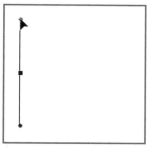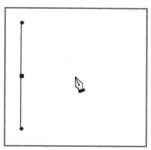

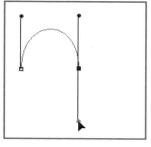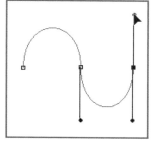

图10-25

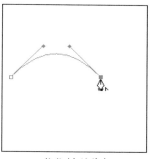

将光标放在平滑点上　　　　　　按住Alt键单击

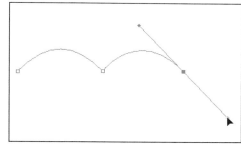

在另一处单击并拖动鼠标
图10-26

10.3.5　编辑路径形状

直接选择工具 和转换点工具 都可以调整方向线。例如图 10-27 所示为原图形，使用直接选择工具 拖动平滑点上的方向线时，方向线始终保持为一条直线状态，锚点两侧的路径段都会发生改变，如图 10-28 所示。使用转换点工具 拖动方向线时，则可以单独调整平滑点任意一侧的方向线，而不会影响到另外一侧的方向线和同侧的路径段，如图 10-29 所示。

图10-27　　　　　图10-28　　　　　图10-29

小知识：贝塞尔曲线

钢笔工具绘制的曲线叫做贝塞尔曲线。它是由法国计算机图形学大师Pierre E.Bézier在20世纪70年代早期开发的一种锚点调节方式，其原理是在锚点上加上两个控制柄，不论调整哪一个控制柄，另外一个始终与它保持成一直线并与曲线相切。贝塞尔曲线具有精确和易于修改的特点，被广泛地应用在计算机图形领域，如Illustrator、CorelDRaw、FreeHand、Flash、3ds Max等软件都包含贝塞尔曲线绘制工具。

10.3.4　绘制转角曲线

转角曲线是与上一段曲线之间出现转折的曲线，要绘制这样的曲线，需要在定位锚点前改变曲线的走向，具体的操作方法是：将光标放在最后一个平滑点上，按住 Alt 键（光标显示为 状）单击该点，将它转换为只有一条方向线的角点，然后在其他位置单击并拖动鼠标便可以绘制转角曲线，如图 10-26 所示。

提示：

转换点工具 可以转换锚点的类型。选择该工具后，将光标放在锚点上，如果当前锚点为角点，单击并拖动鼠标可将其转换为平滑点；如果当前锚点为平滑点，则单击可将其转换为角点。

10.3.6　选择锚点和路径

使用直接选择工具 ▷ 单击一个锚点即可选择该锚点，选中的锚点为实心方块，未选中的锚点为空心方块，如图 10-30 所示。单击一个路径段时，可以选择该路径段，如图 10-31 所示。使用路径选择工具 ▶ 单击路径即可选择整个路径，如图 10-32 所示。选择锚点、路径段和整条路径后，按住鼠标按键不放并拖动，即可将其移动。

图10-33　　　　　　　图10-34

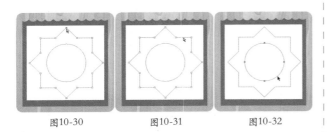

图10-30　　　　图10-31　　　　图10-32

图10-35

10.3.7　路径与选区的转换方法

创建了选区后，如图 10-33 所示，单击"路径"面板中的 ◇ 按钮，可以将选区转换为工作路径，如图 10-34 所示。如果要将路径转换为选区，可以按住 Ctrl 键单击"路径"面板中的路径层，如图 10-35 所示。

10.4　高级技巧：通过观察光标判断钢笔工具用途

使用钢笔工具 ✍ 时，光标在路径和锚点上会有不同的显示状态，通过对光标的观察可以判断钢笔工具此时的功能，从而更加灵活地使用钢笔工具。

- ● ▷ ：当光标在画面中显示为 ▷ 状时，单击可以创建一个角点；单击并拖动鼠标可以创建一个平滑点。
- ● ▷₊：在工具选项栏中勾选了"自动添加／删除"选项后，当光标在路径上变为 ▷₊ 状时单击，单击可在路径上添加锚点。
- ● ▷₋：勾选了"自动添加／删除"选项后，当光标在锚点上变为 ▷₋ 状时，单击可删除该锚点。
- ● ▷。：在绘制路径的过程中，将光标移至路径起始的锚点上，光标会变为 ▷。状，此时单击可闭合路径。
- ● ▷。：选择一个开放式路径，将光标移至该路径的一个端点上，光标变为 ▷。状时单击，然后便可继续绘制该路径；如果在绘制路径的过程中将钢笔工具移至另外一条开放路径的端点上，光标变为 ▷。状时单击，可以将这两段开放式路径连接成为一条路径。

10.5 用形状工具绘图

10.5.1 创建基本图形

Photoshop 中的形状工具包括矩形工具 ▢、圆角矩形工具 ▢、椭圆工具 ⬭、多边形工具 ⬠、直线工具 ／、自定形状工具 ✿，它们可以绘制出标准的几何矢量图形，也可以绘制由自定义的图形。

- 矩形工具 ▢：用来绘制矩形和正方形（按住 Shift 键操作），如图 10-36 所示。
- 圆角矩形工具 ▢：用来创建圆角矩形，如图 10-37 所示。
- 椭圆工具 ⬭：用来创建椭圆形和圆形（按住 Shift 键操作），如图 10-38 所示。

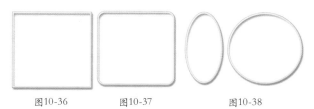

图10-36   图10-37   图10-38

- 多边形工具 ⬠：用来创建多边形和星形，范围为 3 ～ 100。单击工具选项栏中的 ✿ 按钮，打开下拉面板，可设置多边形选项，如图 10-39、图 10-40 所示。

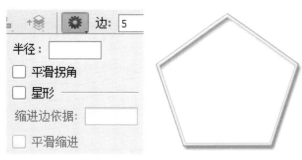

图10-39

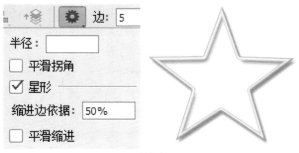

图10-40

- 直线工具 ／：用来创建直线和带有箭头的线段（按住 Shift 键操作可以锁定水平或垂直方向），如图 10-41 所示。

图10-41

小技巧：绘图的过程中移动图形

绘制矩形、圆形、多边形、直线和自定义形状时，创建形状的过程中按下键盘中的空格键并拖动鼠标，可以移动形状。

10.5.2 创建自定义形状

使用自定形状工具 ✿ 可以创建 Photoshop 预设的形状、自定义的形状或者是外部提供的形状。选择该工具后，需要单击工具选项栏中的 ▾ 按钮，在形状下拉面板中选择一种形状，然后单击并拖动鼠标创建该图形，如图 10-42 所示。如果要保持形状的比例，可以按住 Shift 键绘制图形。此外，下拉面板菜单中还包含了 Photoshop 预设的各种形状库，选择一个形状库，即可将其加载到形状下拉面板中。

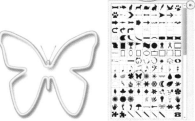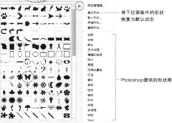

将下拉面板中的形状恢复为默认状态

Photoshop提供的形状库

图10-42

提示：

执行形状下拉面板菜单中的"载入形状"命令，在打开的对话框中选择光盘中的"形状库"里的一个文件即可将其载入到Photoshop中使用。

10.6 绘画实例：绘制像素画

- ●菜鸟级 ●玩家级 ●专业级
- ●实例类型：鼠绘
- ●难易程度：★★★★
- ●实例描述：像素画是一门独特的电脑绘画艺术，它由不同颜色的点组合与排列而成，这些点称为像素 (pixel)。像素画是一种图标风格的图像，属于位图。本实例学习怎样使用铅笔工具和填色工具绘制像素画，了解像素画的绘制规范。

①按下 Ctrl+N 快捷键打开"新建"对话框，创建一个 120×107 像素，分辨率为 72 像素/英寸的文件。

②执行"窗口>导航器"命令，打开"导航器"面板。拖动面板右下角的 图标，调整面板的大小，使"导航器"窗口与新建文件的大小相同，以便绘制时可以观察实际像素大小的图像效果，如图 10-43、图 10-44 所示。在文档窗口左下角的状态栏中输入500%，将窗口放大 500%，以方便绘制，拖动窗口右下角的图标 ，显示完整的画布，如图 10-45 所示。

图10-43　　　　图10-44　　　　图10-45

③选择椭圆工具 ，在工具选项栏中选择"路径"选项，在画面中绘制一个椭圆路径，如图 10-46 所示。创建一个名称为"线稿"的图层，如图 10-47 所示。按下 D 键将前景色设置为默认的黑色，选择铅笔工具 （尖角 1 像素），单击"路径"面板中的用画笔描边路径按钮 ，使用 1px 尖角铅笔工具描边路径，然后绘制出影子的轮廓，如图 10-48 所示。

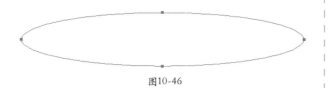

图10-46

图10-47　　　　　　　图10-48

④采用同样的方法绘制几个圆形，以确定大猩猩的基本位置，如图 10-49 所示。选择橡皮擦工具 ，在工具选项栏中选择"铅笔"模式，擦掉相交圆形的一些部分，区分几个圆形的前后次序，如图 10-50 所示。绘制更多的圆形，使大猩猩的动态更加具体，如图 10-51 所示。

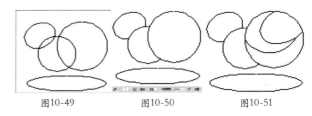

图10-49　　　　图10-50　　　　图10-51

⑤使用橡皮擦工具 擦除圆形轮廓，使用铅笔工具 （尖角 1px）修改，绘制出大猩猩背包的轮廓，如图 10-52 所示。绘制出大猩猩的双腿，如图 10-53 所示，使用橡皮擦工具 擦除多余的轮廓线，如图 10-54 所示。

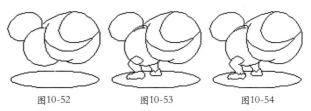

图10-52　　　　图10-53　　　　图10-54

⑥使用铅笔工具 ✐ 结合橡皮擦工具 ✐ 绘制大猩猩的手臂，如图 10-55 所示，绘制一个椭圆路径，并使用铅笔工具描边，作为大猩猩的嘴巴，如图 10-56 所示。

图10-55　　　　　　　图10-56

⑦绘制大猩猩的头部和其他细节，如图 10-57 ~ 图 10-60 所示。

图10-57　　　　　　　图10-58

图10-59　　　　　　　图10-60

⑧选择油漆桶工具 ⌷，在工具选项栏中取消"消除锯齿"选项的勾选，如图 10-61 所示。

图10-61

提示：

取消"消除锯齿"选项这一步很重要，如果没有取消，颜色就会往外溢出。

⑨将前景色设置为暗红色，如图 10-62 所示。创建一个名称为"颜色"的图层，如图 10-63 所示。在大猩猩的头部、手臂和腿部单击，填充前景色，如图 10-64 所示。

图10-62　　　　　　　图10-63

图10-64

⑩适当调整前景色，绘制出其他部位的颜色，如图 10-65 所示，使用铅笔工具 ✐ 绘制一些彩色边缘线盖住黑色轮廓线，使轮廓线呈现一定的变化，如图 10-66 所示。

图10-65　　　　　　　图10-66

⑪在大猩猩的头部和手上绘制一些阴影，增强大猩猩的体积感，如图 10-67、图 10-68 所示。在绘制的过程中要注意保留一些小的反光，使画面更透气。

图10-67　　　　　　　　图10-68

⑫采用同样的方法绘制领带的体积感，如图 10-69、图 10-70 所示。要注意亮部、中间色和暗部的过渡。适当调整前景色，在轮廓的边缘绘制一些反光和小投影使画面更透气，如图 10-71 所示。

图10-69　　　　　　　　图10-70

图10-71

⑬在"图层"面板中新建一个名称为"加重轮廓"的图层。按下 D 键将前景色设置为默认的黑色，使用铅笔工具 加粗黑色轮廓线，使它更加圆润、厚重。适当调整前景色，在颜色过渡生硬的地方绘制一些小的过渡，使画面看起来更加细腻，如图 10-72 所示。

图10-72

小知识：像素画练习方法

要练习像素画，可以用实物或素材图片作为参考，通过提炼加工，把造型复杂的东西简单化。首先从整体形态入手，然后再一步一步绘制细节。绘制像素画除了要有耐心外，掌握正确的绘制方法也是很重要的。

首先是线条的规范。在绘制像素画时规范的线条会使画面显得细腻、结构清晰，不会给人以边缘粗糙的感觉。下图为像素画中几种常见的线条。

22.6度斜线　30度斜线　45度斜线　90度直线　弧线

其次是色彩的规范。像素画的色彩可分为平面的纯色填充、中间色的过渡、色彩明暗关系的确立几种。纯色填充是最简单的一种填色方式。颜色的过渡则分为同一色系中颜色按深浅进行渐变排列、颜色以点状进行疏密排列、在一种颜色的基础上再叠加网格的方式等。绘制时把握好明暗关系，可以使画面的色彩更加生动。

纯色填充　　　　　　中间色过渡

色彩明暗关系确立

10.7 绘画实例：可爱又超萌的表情图标

●菜鸟级 ●玩家级 ●专业级
●实例类型：UI 设计
●难易程度：★★★☆
●实例描述：用眼睛和嘴巴来表现图标，让图标也有自己的表情，看起来卡通可爱。这个小实例虽然涉及工具众多，但操作方法简单实用。从基本的图形开始绘制，到表现质感、光泽，能学到许多 Photoshop 的基础应用和技巧。

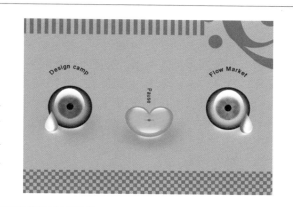

①按下 Ctrl+N 快捷键打开"新建"对话框，在"预设"下拉列表中选择"Web"，在"大小"下拉列表中选择"1024×768"，新建一个文件。

②单击"图层"面板中的 按钮，新建"图层 1"。将前景色设置为洋红色，选择椭圆工具 ，在工具选项栏中选择"像素"选项，绘制一个椭圆形，如图 10-73 所示。选择移动工具 ，按住 Alt+Shift 键向右侧拖动椭圆形进行复制，如图 10-74 所示。

图10-73　　　　　　图10-74

③单击 按钮新建"图层 2"。创建一个大一点的圆形，将前面创建的两个圆形覆盖，如图 10-75 所示。使用矩形选框工具 在圆形上半部分创建选区，按下 Delete 键删除选区内的图像，形成一个嘴唇的形状，如图 10-76 所示。按下 Ctrl+D 快捷键取消选择。

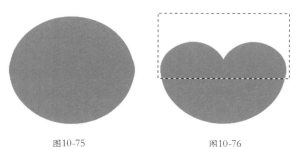

图10-75　　　　　　图10-76

④使用椭圆工具 ，按住 Shift 键在嘴唇图形左侧绘制一个黑色的圆形，如图 10-77 所示。按下 Ctrl+E 快捷键将当前图层与下面的图层合并，按住 Ctrl 键单击"图层 1"的缩览图，载入图形的选区，如图 10-78、图 10-79 所示。

⑤选择画笔工具 （柔角 65 像素），在圆形内部涂抹橙色，再使用浅粉色填充嘴唇，如图 10-80 所示。按下 Ctrl+D 快捷键取消选择。

图10-77

图10-78

图10-79   图10-80

⑥使用椭圆选框工具 ⃝ ，按住 Shift 键创建一个圆形选区。选择油漆桶工具 ⃤ ，在工具选项栏中加载图案库，选择"生锈金属"图案，如图 10-81 所示，在选区内单击，填充该图案，如图 10-82 所示。

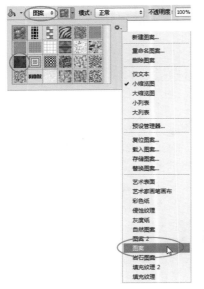

图10-81   图10-82

⑦执行"滤镜>模糊>径向模糊"命令，打开"径向模糊"对话框。在"模糊方法"选项中选择"缩放"，将"数量"设置为60，如图 10-83 所示。单击"确定"按钮关闭对话框，图像的模糊效果如图 10-84 所示。按下 Ctrl+D 快捷键取消选择。

图10-83   图10-84

⑧使用椭圆工具 ⬭ ，按住 Shift 键绘制一个黑色的圆形，如图 10-85 所示。将前景色设置为紫色，选择直线工具 ╱ ，在工具选项栏中选择"像素"选项，

在嘴唇图形上绘制一条水平线，再使用多边形套索工具 ⃢ 创建一个小的菱形选区，用油漆桶工具 ⃤ 填充紫色，如图 10-86 所示。

图10-85   图10-86

⑨选择自定形状工具 ⬠ ，在工具选项栏中选择"像素"选项，打开"形状"下拉面板，选择"雨点"形状，如图 10-87 所示。新建一个图层，绘制一个浅蓝色的雨点，如图 10-88 所示。

图10-87   图10-88

⑩单击"图层"面板中的 ⬚ 按钮，将该图层的透明区域保护起来，如图 10-89 所示。将前景色设置为蓝色，选择画笔工具 ╱ （柔角 35 像素），在雨点的边缘涂抹蓝色，如图 10-90 所示。将前景色设置为深蓝色，在雨点右侧涂抹，产生立体效果，如图 10-91 所示。

图10-89   图10-90   图10-91

提示：

柔角画笔就是硬度为0%，或者小于100%的画笔。关于画笔的更多内容，请参阅"4.2.5 用画笔和渐变编辑蒙版"。

⑪新建一个图层。使用椭圆工具 ⬭ 绘制一个白色的圆形，如图 10-92 所示。选择橡皮擦工具 ✐（柔角 100 像素），将椭圆形下面的区域擦除，通过这种方式可以创建眼球上的高光，如 10-93 所示。

⑫用同样的方法制作泪滴和嘴唇上的高光，如图 10-94 所示。按下 Ctrl+E 快捷键，将组成水晶按钮的图层合并。

图10-92　　图10-93　　　图10-94

⑬按住 Ctrl 键单击创建新图层按钮 ▭，在当前图层下新建一个图层。选择一个柔角画笔 ✐，绘制按钮的投影，如图 10-95 所示。为了使投影的边缘逐渐变淡，可以用橡皮擦工具 ✐（不透明度 30%）对边缘进行擦除。在靠近按钮处涂抹白色，创建反光的效果，如图 10-96 所示。选择"图层 1"，按下 Ctrl+E 快捷键将其与"图层 2"合并，使水晶按钮及其投影成为一个图层。

图10-95　　　　　图10-96

⑭选择移动工具 ⊹，按住 Alt 键拖动水晶按钮进行复制，如图 10-97 所示。执行"编辑 > 变换 > 水平翻转"命令，翻转图像，如图 10-98 所示。

图10-97　　　　　图10-98

⑮将复制后的图像移动到画面右侧，用橡皮擦工具 ✐ 将嘴唇按钮擦除。按下 Ctrl+U 快捷键打开"色相 / 饱和度"对话框，调整"色相"参数，改变按钮的颜色，如图 10-99、图 10-100 所示。

图10-99

图10-100

⑯打开一个素材文件，如图 10-101 所示。这个素材中的条纹和格子是用"半调图案"滤镜制作的，右上角的花纹图案是形状库中的低音符号。使用移动工具 ⊹ 按住 Shift 键将该图像拖动到水晶按钮文件中，按下 Shift+Ctrl+[快捷键将它移至底层作为背景。用多边形套索工具 ⋎ 选取嘴唇按钮，按住 Ctrl 键切换为移动工具 ⊹，将光标放在选区内单击并向下移动按钮，如图 10-102 所示。

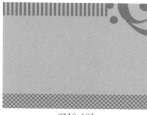

图10-101　　　　　　图10-102

⑰选择横排文字工具 T，在工具选项栏中设置字体及大小，在画面中单击，然后输入文字，如图 10-103 所示。单击工具选项栏中的创建文字变形按钮 ⤵，打开"变形文字"对话框，在"样式"下拉列表中选择"扇形"，设置"弯曲"为 50%，如图 10-104 所示，弯曲后的文字看起来像眼眉一样，如图 10-105 所示。

图10-103

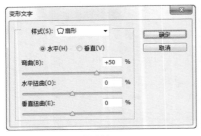

图10-104

图10-105

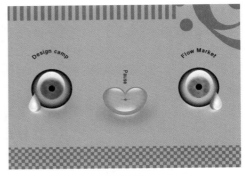

图10-106

⑱用同样方法制作另一侧的文字，完成后的效果如图 10-106 所示。

10.8　GIF动画实例：淘气小火车

● 菜鸟级 ● 玩家级 ● 专业级
● 实例类型：动画设计
● 难易程度：★ ★ ★ ☆
● 实例描述：人类的眼睛有一种生理现象，叫做"视觉暂留性"，即看到一幅画或一个物体后，影像会暂时停留在眼前，1/24 秒内不会消失，动画便是利用这一原理，将静态的、但又是逐渐变化的画面，以每秒 20 幅的速度连续播放，就会给人造成一种流畅的视觉变化效果。本实例介绍怎样使用 Photoshop 制作 GIF 动画。

①按下 Ctrl+O 快捷键，打开光盘中的素材文件，如图 10-107 所示。

图10-107

②执行"滤镜 > 模糊 > 动感模糊"命令，设置距离参数为 10 像素，如图 10-108、图 10-109 所示。

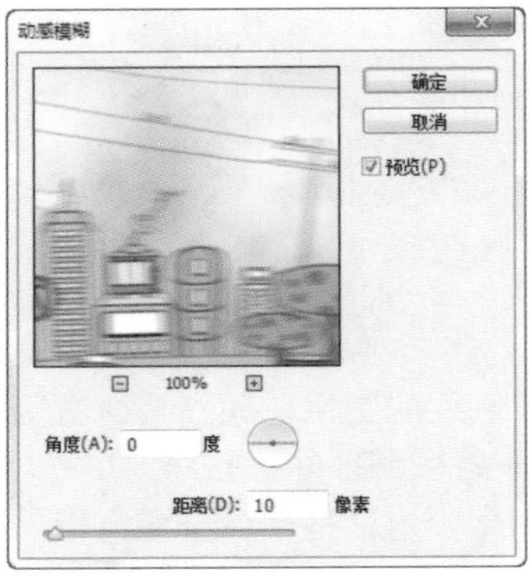

图10-108

图10-109

③打开光盘中的小火车素材，如图 10-110、图 10-111 所示。

图10-110

图10-111

④使用移动工具 ►+ 将城市图像拖入小火车文档中，按住 Ctrl 键单击"背景"图层，将它与"图层 1"同时选取，单击工具选项栏中的顶对齐按钮 ▥ 和右对齐按钮 ▤，画面中显示的是城市最右面的景象，如图 10-112、图 10-113 所示。

图10-112

图10-113

⑤选择"小火车"图层，按下 Ctrl+J 快捷键复制，如图 10-114 所示。按下 Ctrl+T 快捷键显示定界框，拖动一角旋转图像，如图 10-115 所示，按下回车键确认。单击"小火车副本"图层前面的眼睛图标 👁，隐藏该图层，如图 10-116 所示。

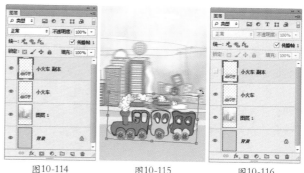

图10-114　　　　图10-115　　　　图10-116

⑥执行"窗口 > 时间轴"命令，打开"时间轴"面板。如果面板是视频编辑状态，如图 10-117 所示，可单击"创建视频时间轴"右侧的 ▾ 按钮，选择"创建帧动画"选项，如图 10-117 所示，切换为帧动画编辑状态，如图 10-118 所示。

图10-117

图10-118

⑦单击面板底部"一次"后面的 ▾ 按钮，选择"永远"选项，表示一直连续播放动画；单击"5秒钟"后面的 ▾ 按钮，选择"0.5 秒"选项，将每一帧的延迟时间设置为 0.5 秒，如图 10-119 所示。单击 ⬜ 按钮，复制所选帧，如图 10-120 所示。

图10-119

图10-120

⑧在这一帧上制作另外一个画面。显示"小火车副本"图层，隐藏"小火车"图层。选择"图层 1"

与"背景"图层，如图 10-121 所示。选择移动工具 ，单击工具选项栏中的左对齐按钮 ，在画面中显示城市最左面的景象，如图 10-122 所示。

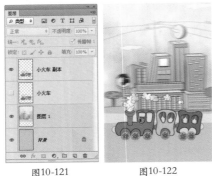

图10-121　　　　　　　图10-122

⑨单击过渡动画帧按钮 ，打开"过渡"对话框，在原有的两个关键帧之间添加 5 个过渡帧，如图 10-123、图 10-124 所示。

图10-123

图10-124

⑩现在小火车动画就制作好了，单击 ▶ 按钮或按下空格键播放动画，小火车行驶在城市中，城市的风景在眼前滑过，如图 10-125、图 10-126 所示。

图10-125　　　　　　图10-126

⑪动画文件制作完成后，执行"文件 > 存储为 Web 所用格式"命令，选择 GIF 格式，如图 10-127 所示，单击"存储"按钮将文件保存，之后就可以将该动画文件上传到网上或作为 QQ 表情与朋友共同分享了。

图10-127

10.9　视频实例：制作彩铅风格视频短片

- 菜鸟级　●玩家级　●专业级
- 实例类型：视频编辑
- 难易程度：★ ★ ★ ☆
- 实例描述：Photoshop Extended 可以编辑视频的各个帧，如可以使用任意工具在视频上进行编辑和绘制、应用滤镜、蒙版、变换、图层样式和混合模式。进行编辑之后，将文档存储为 PSD 格式还可以在 Premiere Pro、After Effects 等应用程序中播放。此外，文档也可作为 QuickTime 影片进行渲染。本实例介绍怎样编辑视频短片。

①打开光盘中的视频素材，如图 10-128、图 10-129 所示。下面用滤镜将视频处理为素描效果，使其充满艺术感。

图10-128　　　　　　　　　　图10-129

提示：

在 Photoshop Extended 中打开视频文件时，会自动创建一个视频组，组中包含视频图层（视频图层带有▮状图标）。

②执行"滤镜 > 智能滤镜"命令，将视频图层转换为智能对象，如图 10-130 所示。观察"图层"可以看到，它的图标已经由视频图标▮变为智能对象图标了。

③单击前景色图标打开"拾色器"，调整前景色，如图 10-131 所示。

图10-130

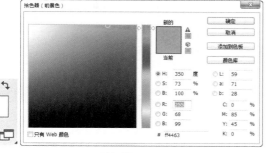

图10-131

④执行"滤镜 > 素描 > 绘图笔"命令，打开"滤镜库"调整参数，将视频处理为彩色铅笔素描效果，如图 10-132、图 10-133 所示。

图10-132　　　　　　　　　　图10-133

⑤关闭视频组，如图 10-134 所示。单击"图层"面板底部的 ▯ 按钮，新建一个普通的空白图层，如图 10-135 所示。

图10-134　　　　　　　　　　图10-135

⑥按下 Alt+Delete 快捷键填充前景色，如图 10-136 所示。按下 Ctrl+F 快捷键，对该图层应用"绘图笔"滤镜，如图 10-137 所示。

图10-136　　　　　　　　　　图10-137

⑦单击"图层"面板底部的 ▢ 按钮，为该图层添加一个蒙版，如图 10-138 所示。将前景色设置为白色，使用柔角画笔工具 ✎ 在画面中心涂抹白色，让视频图层中的人物形象显示出来，如图 10-139 所示。

图10-138　　　　　　　　　　图10-139

⑧按下空格键播放视频，如图 10-140、图 10-141 所示。可以看到，一个原本很普通的视频短片，用 Photoshop 的滤镜简单处理之后，一下子就变成了充满美感的艺术作品。最后可以单击面板底部的渲染视频 按钮，打开"渲染视频"对话框，格式选择"Quick Time"，对视频进行渲染。

图10-141

图10-140

> 提示：
>
> 视频图层参考的是原始文件，因此，对视频图层进行的编辑不会改变原始视频。但要保持原始文件的链接，则必须确保原始文件与 PSD 文件的相对位置保持不变。

10.10　高级技巧：像素长宽比校正

计算机显示器上的图像是由方形像素组成的，而视频编码设备使用的则是非方形像素，这就导致在两者之间交换图像时会由于像素的不一致而造成图像扭曲，如图 10-142 所示。执行"视图 > 像素长宽比校正"命令，Photoshop 会缩放屏幕显示，从而校正图像，如图 10-143 所示。这样就可以在显示器的屏幕上准确地查看 DV 和 D1 视频格式的文件，就像是在 Piemiere 等视频软件中查看文件一样。

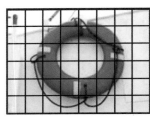　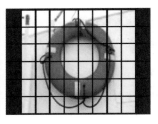

图10-142　　　　　　图10-143

> 提示：
>
> 打开文件后，可以在 "视图>像素长宽比"下拉菜单中选择与将用于 Photoshop 文件的视频格式兼容的像素长宽比，然后再执行"视图>像素长宽比校正"命令进行校正。

> 小知识：Photoshop支持哪些格式的视频文件？
>
> 在 Photoshop Extended 中可以打开3GP、3G2、AVI、DV、FLV、F4V、MPEG-1、MPEG-4、QuickTime MOV、WAV等格式的视频文件。

10.11 拓展练习：霓虹灯光动画效果

●菜鸟级 ●玩家级 ●专业级　　　实例类型：动画类　　　视频位置：光盘 > 视频 >10.11

打开光盘中的素材文件，如图 10-144、图 10-145 所示。分别创建两个"色相 / 饱和度"调整图层，改变画面中文字及其发光的颜色，如图 10-146、图 10-147 所示。

图10-144　　　　　　　　　　　图10-145

图10-146

图10-147

在"图层"面板中隐藏这两个调整图层，在"时间轴"面板中设置当前帧的延迟时间设置为 0.5 秒，选择"永远"选项，如图 10-148 所示。单击 🗐 按钮复制所选帧，在"图层"面板中显示"色相 / 饱和度 1"调整图层，如图 10-149 所示。重复上面的操作，复制帧，显示"色相 / 饱和度 2"调整图层，如图 10-150 所示。三个动画帧分别是三种不同的颜色，按下 ▶ 按钮播放动画，观看效果。

图10-148

图10-149

图10-150

第11章

包装设计：3D效果的应用

11.1 关于包装

包装是产品的第一推销员，好的商品要有好的包装来衬托才能充分体现其价值，以便引起消费者的注意，扩大企业和产品的知名度。

包装具有三大功能，即保护性、便利性和销售性。包装设计应向消费者传递一个完整的信息，即这是一种什么样的商品，这种商品的特色是什么，它适用于哪些消费群体如图 11-1 所示为 Fisherman 胶鞋包装设计。

图11-1

包装设计还要突出品牌，巧妙地将色彩、文字和图形组合，形成有一定冲击力的视觉形象，从而将产品的信息准确地传递给消费者。例如图 11-2 所示为美国 Gloji 公司灯泡型枸杞子混合果汁包装设计，它打破了饮料包装的常规形象，让人眼前一亮。灯泡形的包装与产品的定位高度契合，传达出的是：Gloji 混合型果汁饮料让人感觉到的是能量的源泉，如同灯泡给人带来光明，Gloji 灯泡饮料似乎也可以带给你取之不尽的力量。该包装在 2008 年 Pentawards 上获得了果汁饮料包装类金奖。

图11-2

11.2 3D功能

11.2.1 3D操作界面概览

Photoshop Extended 可以打开和处理由 Adobe Acrobat 3D Version 8、3D Studio Max、Alias、Maya 以及 GoogleEarth 等程序创建的 3D 文件。在 Photoshop 中打开（创建或编辑）3D 文件时，会自动切换到 3D 界面中，如图 11-3 所示。Photoshop 能够保留对象的纹理、渲染和光照信息，并将 3D 模型放在 3D 图层上，在其下面的条目中显示对象的纹理。

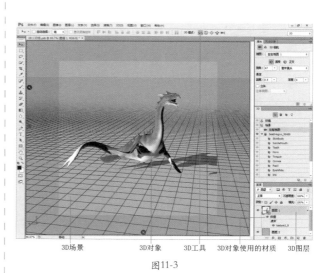

图11-3

3D 文件包含网格、材质和光源等组件。其中，网格相当于 3D 模型的骨骼，如图 11-4 所示；材质相当于 3D 模型的皮肤，如图 11-5 所示；光源相当于太阳或白炽灯，可以使 3D 场景亮起来，让 3D 模型可见，如图 11-6 所示。

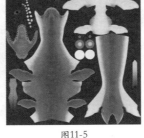

图11-4　　　　　　　　图11-5　　　　　　　　图11-6

 小知识：Photoshop可以编辑哪种3D文件

在Photoshop中可以打开和编辑U3D、3DS、OBJ、KMZ、DAE格式的3D文件。

11.2.2　3D面板

选择3D图层后，"3D"面板中会显示与之关联的3D文件组件。面板顶部包含场景按钮、网格按钮、材质按钮和光源按钮，单击这些按钮可以筛选出现在面板中的组件，如图11-7 ~ 图11-10所示。

图11-7　　　　　　图11-8

图11-9　　　　　　图11-10

- 场景：单击场景按钮，"3D"面板中会列出场景中的所有条目。
- 网格：单击网格按钮，面板中只显示网格组件，此时可在"属性"面板中设置网格属性。
- 材质：单击材质按钮，面板中会列出在3D

文件中使用的材质，此时可在"属性"面板中设置材质属性。
- 光源：单击光源按钮，面板中会列出场景中所包含的全部光源。

11.2.3　使用3D工具

在Photoshop中打开3D文件后，选择移动工具，在它的工具选项栏中包含一组3D工具，如图11-11所示，使用这些工具可以修改3D模型的位置、大小，还可以修改3D场景视图，调整光源位置。

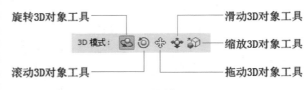

图11-11

- 旋转3D对象工具：在3D模型上单击，选择模型，如图11-12所示，上下拖动可以使模型围绕其x轴旋转，如图11-13所示；两侧拖动可围绕其y轴旋转，如图11-14所示。

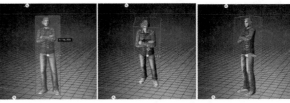

图11-12　　　　图11-13　　　　图11-14

- 滚动3D对象工具：在3D对象两侧拖动可以使模型围绕其z轴旋转，如图11-15所示。
- 拖动3D对象工具：在3D对象两侧拖动可

沿水平方向移动模型，如图 11-16 所示；上下拖动可沿垂直方向移动模型。

- 滑动 3D 对象工具 ✛：在 3D 对象两侧拖动可沿水平方向移动模型，如图 11-17 所示；上下拖动可将模型移近或移远。

图11-15　　　　　图11-16　　　　　图11-17

- 缩放 3D 对象工具 ：单击 3D 对象并上下拖动可放大或缩小模型。

小技巧：让3D对象紧贴地面

移动3D对象以后，执行"3D>将对象紧贴地面"命令，可以使其紧贴到3D地面上。

 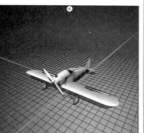

飞机位于半空中　　　　　飞机紧贴3D地面

11.2.4　调整3D相机

进入 3D 操作界面后，在模型以外的空间单击（当前工具为移动工具 ），如图 11-18 所示，此时可通过操作调整相机视图，同时保持 3D 对象的位置不变。例如旋转 3D 对象工具 可以旋转相机视图，如图 11-19 所示。滚动 3D 对象工具 可以滚动相机视图，如图 11-20 所示；拖动 3D 对象工具 可以让相机沿 x 或 y 方向平移。

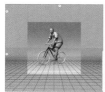 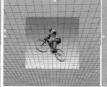 

图11-18　　　　　图11-19　　　　　图11-20

11.2.5　存储3D文件

编辑 3D 文件后，如果要保留文件中的 3D 内容，包括位置、光源、渲染模式和横截面，可执行"文件 > 存储"命令，选择 PSD、PDF 或 TIFF 作为保存格式。

11.2.6　导出3D图层

在"图层"面板中选择要导出的 3D 图层，如图 11-21 所示，执行"3D> 导出 3D 图层"命令，打开"存储为"对话框，在"格式"下拉列表中可以选择将文件导出为 Collada DAE、Flash 3D、Wavefront/OBJ、U3D 和 Google Earth 4 KMZ 格式，如图 11-22 所示。

图11-21　　　　　　　　图11-22

11.2.7　渲染3D模型

完成 3D 文件的编辑之后，可以执行"3D> 渲染"命令，对模型进行渲染，创建用于 Web、打印或动画的高品质输出效果。单击"3D"面板顶部的场景按钮 并选择"场景"条目，如图 11-23 所示，然后在"属性"面板的"预设"下拉列表中可以选择一个渲染选项，如图 11-24 所示。如图 11-25 所示为部分渲染效果。

图11-23　　　　　　　　图11-24

默认　　默认（地面可见）　外框　　深度映射　隐藏线框　线条插图　正常　　绘画蒙版　着色插图　着色顶点

图11-25

11.3　高级技巧：通过3D轴调整3D项目

选择 3D 对象后，画面中会出现 3D 轴，如图 11-26 所示，它显示了 3D 空间中模型（或相机、光源和网格）在当前 X、Y 和 Z 轴的方向。将光标放在 3D 轴的控件上，使其高亮显示，如图 11-27 所示，然后单击并拖动鼠标即可移动、旋转和缩放 3D 项目。

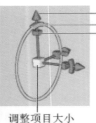
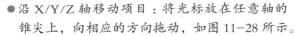

沿轴移动项目
旋转项目
压缩或拉长项目

调整项目大小

图11-26　　　　　图11-27

- 沿 X/Y/Z 轴移动项目：将光标放在任意轴的锥尖上，向相应的方向拖动，如图 11-28 所示。
- 旋转项目：单击轴尖内弯曲的旋转线段，会出现旋转平面的黄色圆环，围绕 3D 轴中心沿顺时针或逆时针方向拖动圆环即可旋转模型，如图 11-29 所示。要进行幅度更大的旋转，可将鼠标向远离 3D 轴的方向移动。

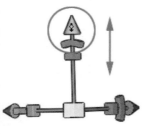

图11-28

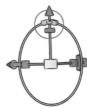

图11-29

- 调整项目大小（等比缩放）：向上或向下拖动 3D 轴中的中心立方体，如图 11-30 所示。
- 沿轴压缩或拉长项目（不等比缩放）：将某个彩色的变形立方体朝中心立方体拖动，或向远离中心立方体的位置拖动，如图 11-31 所示。

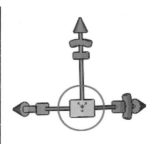

图11-30

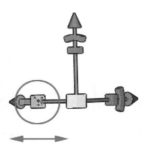

图11-31

小知识：联机浏览3D内容

执行"3D>获取更多内容"命令，可链接到Adobe网站浏览与3D有关的内容、下载3D插件。

11.4 调整3D材质

在 Photoshop 中打开 3D 文件时，如图 11-32 所示，纹理会作为 2D 文件与 3D 模型一起导入，它们的条目显示在"图层"面板中，嵌套于 3D 图层下方，并按照散射、凹凸、光泽度等类型编组。我们可以使用绘画工具和调整工具来编辑纹理，也可以创建新的纹理。双击"图层"面板中的纹理层，如图 11-33 所示，纹理会作为智能对象打开。打开一个贴图文件，使用移动工具 ▶⊕ 将该图像拖动到 3D 纹理文档中，如图 11-34 所示，关闭该窗口，弹出一个对话框，单击"是"按钮，存储对纹理所做的修改并应将其用到模型中，如图 11-35 所示。

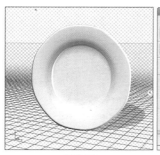

图11-32

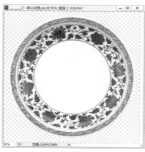

图11-34

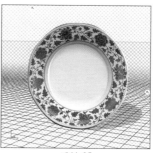

图11-35

单击"属性"面板材质球右侧的▾按钮，可以在打开的下拉面板选择一种预设的材质，如图 11-36 ～ 图 11-38 所示。

未贴图的茶壶模型

图11-36

选择预设的贴图文件

图11-37

图11-33

在模型表面贴图

图11-38

单击"属性"面板中的按钮打开下拉菜单，可以选择菜单中的命令来创建、载入、打开、移去或编辑纹理映射的属性，如图 11-39 ~ 图 11-41 所示。

选择"载入纹理"命令
图11-39

载入一个花朵图像
图11-40

将图像贴在茶壶表面
图11-41

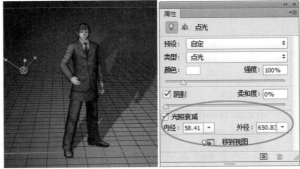

图11-42　　　　　　　　图11-43

图11-44

11.5　调整3D光源

11.5.1　调整点光

Photoshop 提供了点光、聚光灯和无限光，这3 种光源有各自不同的选项和设置方法。

点光在 3D 场景中显示为小球状，它就像灯泡一样，可以向各个方向照射，如图 11-42 所示。使用拖动 3D 对象工具和滑动 3D 对象工具可以调整点光位置。点光包含"光照衰减"选项组，勾选"光照衰减"选项后，可以让光源产生衰减效果，如图 11-43、图 11-44 所示。

11.5.2　调整聚光灯

聚光灯在 3D 场景中显示为锥形，它能照射出可调整的锥形光线，如图 11-45 所示。使用拖动3D 对象工具和滑动 3D 对象工具可以调整聚光灯的位置，如图 11-46 所示。

图11-45　　　　　　　　图11-46

11.5.3 调整无限光

无限光在 3D 场景中显示为半球状，它像太阳光，可以从一个方向平面照射，如图 11-47 所示。使用拖动 3D 对象工具 ✛ 和滑动 3D 对象工具 ✥ 可以调整无限光的位置，如图 11-48 所示。

图11-47

图11-48

11.6 3D实例：创建3D立体字

- ●菜鸟级 ●玩家级 ●专业级
- ●实例类型：3D 设计
- ●难易程度：★ ★ ★
- ●实例描述：使用 3D 菜单中的命令将文字创建为立体效果，在"属性"面板中为文字选择凸出样式，设置凸出深度。使用旋转 3D 对象工具调整文字的角度和位置。还可以对立体字进行拆分。

① 打开光盘中的素材，如图 11-49 所示。使用横排文字工具 T 在画面中输入文字，如图 11-50 所示。

图11-49　　　　　图11-50

② 执行"3D> 从所选图层新建 3D 凸出"命令，或"文字 > 凸出为 3D"命令，创建 3D 文字，如图 11-51 所示。选择移动工具 ➤ ，在文字上单击，将文字选择，如图 11-52 所示。在"属性"面板中为文字选择凸出样式，设置"凸出深度"为 602，如图 11-53、图 11-54 所示。

图11-51

图11-52

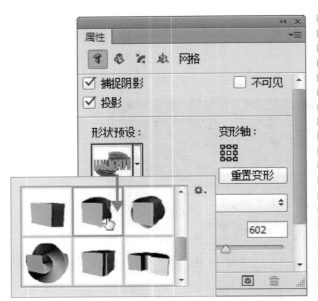

图11-53

图11-56

图11-57

图11-54

图11-58

④在默认情况下，使用"凸出"命令从图层、路径和选区中创建的 3D 对象将作为一个整体的 3D 模型出现，如果需要编辑其中的某个单独的对象，可将其拆分开来。执行"3D> 拆分凸出"命令，将文字拆分开，此时可以选择任意一个字母进行调整，如图 11-59、图 11-60 所示。

③使用旋转 3D 对象工具 调整文字的角度和位置，如图 11-55 所示。单击场景中的 图标，显示光源，在"属性"面板中调整参数，如图 11-56 所示。在画面中拖动场景中的球体，调整光源的照射方向，如图 11-57 所示，完成后的效果如图 11-58 所示。

图11-59

图11-60

小技巧：从图层中创建3D对象

选择一个图层（可以是空白图层），打开"3D>从图层新建网格>网格预设"下拉菜单，选择一个命令，即可生成立方体、球体、金字塔等3D对象。

图11-55

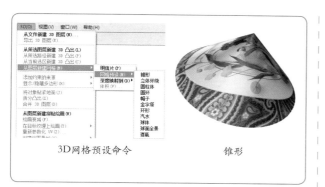

3D网格预设命令　　　　　锥形

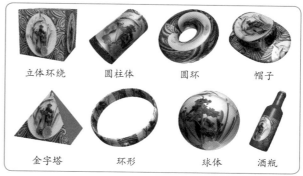

立体环绕　　圆柱体　　圆环　　帽子

金字塔　　　环形　　　球体　　酒瓶

11.7　3D实例：在模型上贴材质

● 菜鸟级　● 玩家级　● 专业级
● 实例类型：3D 设计
● 难易程度：★ ★ ☆
● 实例描述：使用 Photoshop 预设的贴图文件，
通过 3D 材质拖放工具在 3D 模型上添加
大理石材质。

①按下 Ctrl+O 快捷键，打开光盘中的 3D 模型文件，如图 11-61 所示。

②选择 3D 材质拖放工具，在工具选项栏中打开材质下拉列表，选择大理石材质，如图 11-62 所示。

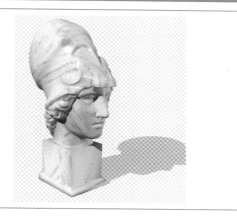

图11-61　　　　　图11-62

③将光标放在石膏模型上，如图 11-63 所示，单击鼠标，即可将所选材质应用到模型中，如图 11-64 所示。

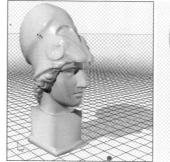

图11-63　　　　　图11-64

11.8 3D实例：制作啤酒瓶

●菜鸟级 ●玩家级 ●专业级

●实例类型：3D 设计

●难易程度：★ ★ ★ ☆

●实例描述：使用 3D 网格预设命令，以一个
啤酒标为基础创建 3D 酒瓶。

① 打开光盘中的酒瓶图标素材，如图 11-65
所示。执行"3D> 从图层新建网格 > 网格预设 >
酒瓶"命令，生成一个 3D 酒瓶，如图 11-66 所示。

图11-65

图11-66

② 在"3D"面板中选择"标签"材质，如
图 11-67 所示，单击"属性"面板中的 🖳 图标，
在下拉菜单中选择"编辑 UV 属性"命令，如图
11-68 所示，在弹出的"纹理属性"对话框中调
整纹理大小和位置，如图 11-69 所示，效果如图
11-70 所示。单击"确定"按钮关闭对话框。

图11-67

图11-68

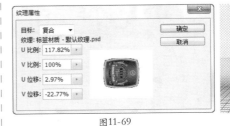

图11-69

图11-70

③ 选择"玻璃"材质，如图 11-71 所示，单
击"属性"面板中的"漫射"颜色块打开"拾色器"，
将玻璃颜色调整为墨绿色，如图 11-72、图 11-73
所示。

图11-71

图11-72

图11-73

④选择"木塞"材质，如图 11-74 所示，为它贴预设的"巴沙木"材质，如图 11-75 所示。最终效果如图 11-76 所示。

图11-74

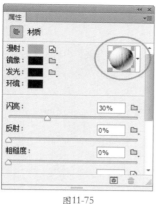

图11-75

图11-76

11.9 3D实例：制作立体玩偶

● 菜鸟级　● 玩家级　● 专业级
● 实例类型：玩具设计
● 难易程度：★ ★ ★ ☆
● 实例描述：使用光盘中提供的玩偶图片素材，通过 Photoshop 的 3D 功能制作成立体的模型。

①打开光盘中的玩偶素材，如图 11-77、图 11-78 所示，玩偶位于单独的图层中。

图11-77

图11-78

②执行"3D> 从所选图层新建 3D 凸出"命令，从选中的图层中生成 3D 对象，如图 11-79 所示。

单击"3D"面板中的"图层 1"，如图 11-80 所示，在"属性"面板中为玩偶选择凸出样式，设置"凸出深度"为 12，如图 11-81、图 11-82 所示。

图11-79

图11-80

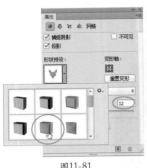

图11-81

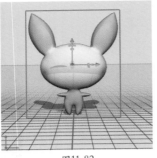

图11-82

图11-85

③使用旋转 3D 对象工具 ，调整玩偶的角度和位置，如图 11–83 所示。单击场景中的 图标，显示光源，在画面中调整光源的照射方向，如图 11–84 所示，完成后的效果如图 11–85 所示。如图 11–86 所示为玩偶不同角度的展示效果。

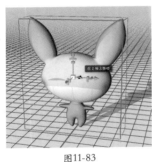

图11-83

图11-84

图11-86

11.10 包装设计实例：制作易拉罐

- ●菜鸟级 ●玩家级 ●专业级
- ●实例类型：包装设计
- ●难易程度：★ ★ ★ ★
- ●实例描述：用 Photoshop 的 3D 功能制作立体易拉罐模型，为之贴图，设定灯光效果。

①按下 Ctrl+N 快捷键，打开"新建"对话框，新建一个文档，如图 11–87 所示。选择渐变工具 ，在工具选项栏中按下径向渐变按钮 ，在画面中填充渐变颜色，如图 11–88 所示。

图11-87

图11-88

②单击"图层"面板底部的 □ 按钮，新建一个图层，如图 11-89 所示。执行"3D>从图层新建网格 > 网格预设 > 汽水"命令，弹出如图 11-90 所示的对话框，单击"是"按钮，进入3D 工作区，在该图层中创建一个 3D 易拉罐，如图 11-91 所示。

图11-89

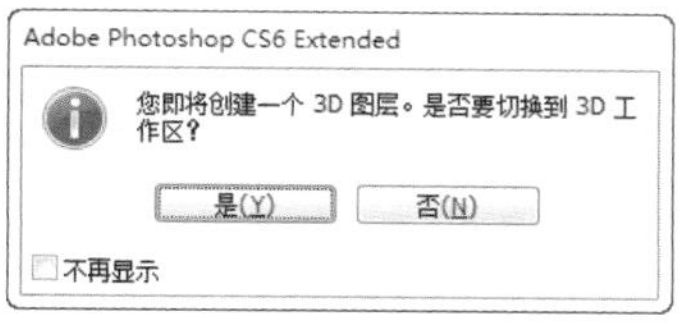

图11-90

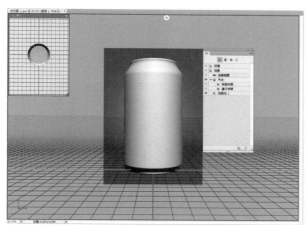

图11-91

③单击"3D"面板中的"标签材质"选项，如图 11-92 所示，弹出"属性"面板，设置闪亮参数为 56%，粗糙度为 49%，凹凸为 1%，如图 11-93、图 11-94 所示。

图11-92

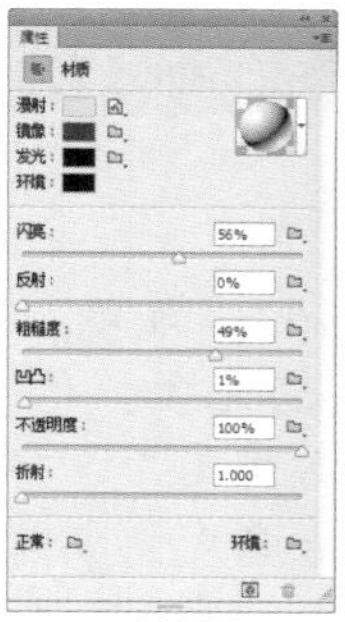

图11-93

图11-94

④单击"漫射"选项右侧的 □ 图标，打开下拉菜单，选择"替换纹理"命令，如图 11-95 所示。在打开的对话框中选择易拉罐贴图素材，如图 11-96 所示，贴图后的效果如图 11-97 所示。

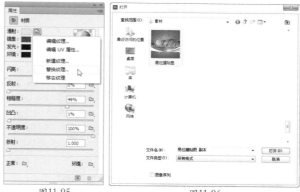

图11-95

图11-96

图11-97

⑤选择缩放 3D 对象工具 🔩，在画面中单击并向下拖动鼠标，将易拉罐缩小，再用旋转 3D对象工具 🔩 旋转罐体，让商标显示到前方，接着用拖动 3D 对象工具将它移到到画面下方，如图 11-98 ~ 图 11-100 所示。

图11-98

图11-99

图11-100

⑥打开"漫射"菜单，选择"编辑 UV 属性"命令，如图 11-101 所示，在打开的"纹理属性"对话框中设置参数，调整纹理的位置，使贴图适合

易拉罐的大小，如图 11-102、图 11-103 所示。

图11-101

图11-102

图11-103

⑦按住 Ctrl 键单击"图层 1"的缩览图，载入易拉罐的选区，如图 11-104、图 11-105 所示。

图11-104

图11-105

⑧按下 Shift+Ctrl+I 快捷键反选。单击"调整"面板中的 ⬚ 按钮，创建"曲线"调整图层，可以用这个图层来表现易拉罐边缘的金属质感，增加图像的亮度，产生金属光泽，如图 11-106 所示。按下面板底部的 ⬚ 按钮，创建剪贴蒙版，使调整只对易拉罐有效，不会影响背景，如图 11-107、图 11-108 所示。

图11-106

图11-107

图11-108

⑨选择"图层 1"，如图 11-109 所示，再来调整一下易拉罐的光线。单击"3D"面板中的"无限光"选项，如图 11-110 所示。在"属性"面板中设置颜色强度为93%，如图 11-111、图 11-112 所示。

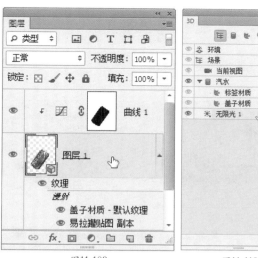

图11-109

图11-110

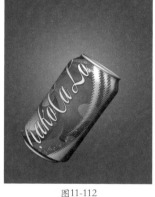

图11-111

图11-112

⑩单击"图层"面板底部的 🔲 按钮，新建一个图层。将前景色设置为黑色。选择渐变工具 ■，按下径向渐变按钮 ■，在渐变下拉面板中选择"前景色到透明渐变"，在画面中心创建一个径向渐变，如图 11-113、图 11-114 所示。

图11-113

图11-114

⑪将该图层拖到"图层 1"下方。按下 Ctrl+T 快捷键显示定界框，调整图形高度，使之成为易拉罐的投影，如图 11-115、图 11-116 所示。

图11-115

图11-116

⑫按下 Ctrl+O 快捷键，打开一个文件，如图 11-117、图 11-118 所示。

图11-117

图11-118

⑬将素材拖到易拉罐文档中，调整素材的前后位置，如图 11-119、图 11-120 所示。

图11-119

图11-120

11.11 拓展练习：从路径中创建3D模型

● 菜鸟级 ●玩家级 ●专业级　　　实例类型：3D 设计类　　　视频位置：光盘 > 视频 >11.11

打开光盘中的素材文件，打开"路径"面板，单击老爷车路径，如图 11-121 所示，在画面中显示该图形，如图 11-122 所示。执行"从所选路径新建 3D 凸出"命令，基于路径生成 3D 对象，如图 11-123 所示。使用旋转 3D 对象工具 ⊗ 调整模型角度,再使用 3D 材质吸管工具 ▼ 在模型正面单击，选择材质，如图 11-124 所示，在"属性"面板中选择"石砖"材质，如图 11-125、图 11-126 所示。

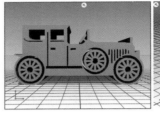
图11-123

图11-124

图11-121

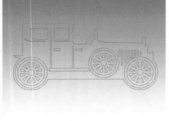
图11-122

图11-125

图11-126

第12章

综合实例：跨界设计

12.1 创意搞怪表情涂鸦

- 菜鸟级 ●玩家级 ●专业级
- 实例类型：特效设计类
- 难易程度：★★★
- 实例描述：根据图片中嘴的形状，设计出其他五官，合成一张完整的面孔，让表情浑然一体，夸张有趣。这个实例制作方法简单，用硬边圆画笔绘制轮廓，逐一填色即可。

①打开光盘中的素材文件，如图 12-1 所示。单击"图层"面板底部的 🔲 按钮，新建一个图层，如图 12-2 所示。

图12-1　　　　　　　图12-2

②选择画笔工具 ，在画笔下拉面板中选择"硬边圆"笔尖，设置画笔大小为 15 像素，如图 12-3 所示。在嘴上面画出眼睛、鼻子、帽子和脸的轮廓，如图 12-4 所示。

 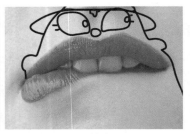

图12-3　　　　　　　图12-4

③给人物画一个带有花边的领结，在画面左下角画一个对话框，如图 12-5 所示，轮廓就画完了。选择魔棒工具 ，在工具选项栏中按下添加到选区按钮 ，设置容差为 30，不要勾选"对所有图层取样"选项，以保证仅对当前图层进行选取，在眼睛上单击，选取眼睛和眼珠内部的区域，如图 12-6 所示。

 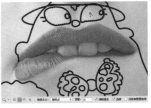

图12-5　　　　　　　图12-6

④在选区内填充白色，按下 Ctrl+D 快捷键取消选择，如图 12-7 所示。依次选取鼻子、帽子和领结，填充不同的颜色，如图 12-8、图 12-9 所示。按下"]"键将笔尖调大，给人物画出两个红脸蛋。将台词框涂为紫色，用白色写出文字，一幅生动有趣的表情涂鸦作品就制作完了，如图 12-10 所示。

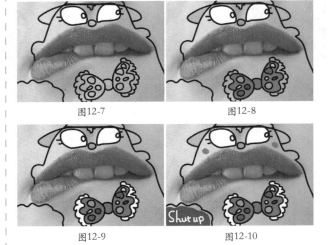

图12-7　　　　　　　图12-8

图12-9　　　　　　　图12-10

12.2 光盘封套设计

- 菜鸟级 ●玩家级 ●专业级
- 实例类型：包装设计类
- 难易程度：★★★☆
- 实例描述：绘制各种形状，通过合并形状、送去顶层形状、与开关区域相交等运算方式制作出火柴人的形象。再以该形象为元素设计光盘封套。

③双击该图层，打开"图层样式"对话框，添加"描边"效果，如图 12-14、图 12-15 所示。

图12-14　　　　　　　　图12-15

④将前景色设置为白色。在"自定形状"面板中选择"雨滴"形状，如图 12-16 所示，按住 Shift 键锁定图形的比例绘制形状，生成另一个形状图层，如图 12-17 所示。按住 Alt 键将"形状 1"图层后面的效果图标 fx 拖动到"形状 2"，复制描边效果，如图 12-18 所示。使用移动工具 ▶+，按住 Ctrl 键的同时选择两个形状图层，单击工具选项栏中的水平居中对齐按钮 ，对齐两个图形，如图 12-19 所示。

①按下 Ctrl+N 快捷键打开"新建"对话框，在"预设"下拉列表中选择"国际标准纸张"，在"大小"下拉列表中选择"A4"，创建一个 A4 大小的 RGB 文件。

②将前景色设置为青色，选择自定形状工具 ，在工具选项栏中选择"形状"选项，打开"自定形状"下拉面板，选择"男人"图形，如图 12-11 所示，在画面中绘制一个小人儿，"图层"面板中会生成一个形状图层，如图 12-12、图 12-13 所示。如果面板中没有该形状，可以单击 按钮打开面板菜单，选择"全部"命令，加载全部形状库。

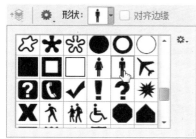

图12-11

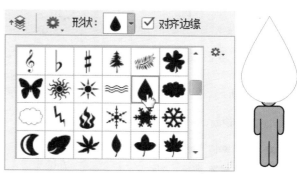

图12-16　　　　　　　　图12-17

图12-12　　　　　　　　图12-13

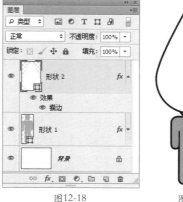

图12-18　　　　　　　　图12-19

提示：

拖动鼠标绘制形状时，在没放开鼠标的情况下按住空格键拖动，可以调整形状的位置。

⑤将前景色重新设置为青色，选择椭圆工具 ◯，按住 Shift 键绘制一个圆形，如图 12-20 所示。单击工具选项栏中的 ▣ 按钮，在打开的下拉菜单中选择合并形状 ▣，使用路径选择工具 ▸，按住 Alt+Shift 键向右拖动圆形，复制出一个圆形与原来的圆形相融合，如图 12-21 所示。

⑥将前景色设置为白色，绘制一个大一点的圆形，如图 12-22 所示。选择矩形工具 ▭，单击工具选项栏中的 ▣ 按钮，选择减去顶层形状 ▣，绘制一个矩形与圆形进行减法运算，得到一个半圆形，如图 12-23 所示。

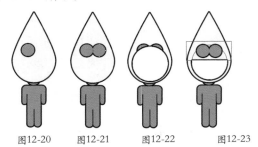

图12-20　　图12-21　　图12-22　　图12-23

⑦将前景色设置为黑色，选择自定形状工具 ✿，在"自定形状"面板中选择"拼贴 2"，如图 12-24 所示，绘制一个图形，如图 12-25 所示。

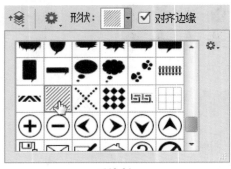

图12-24　　　　　　　　图12-25

⑧选择椭圆工具 ◯，单击工具选项栏中的 ▣ 按钮，选择与形状区域相交按钮 ▣，按住 Shift 键拖动鼠标绘制一个圆形，它会与条纹运算，得到一个圆形条纹图形，如图 12-26 所示。采用类似的方法绘制头发、眼珠和装饰图形，如图 12-27 所示。

图12-26　　　　图12-27

提示：

可使用先选择图层，再单击工具选项栏中的对齐按钮来对齐各个图像。

⑨选择所有形状图层，按下 Ctrl+G 快捷键将这些图层编组。按下 Alt+Ctrl+E 快捷键盖印，得到一个新的合并图层，重命名盖印图层，隐藏图层组，如图 12-28 所示。

⑩按住 Ctrl 键单击"图层"面板中的 ▭ 按钮，在"火柴人"图层下面创建一个名称为"封套"的图层组，如图 12-29 所示。将前景色设置为黑色，选择椭圆工具 ◯，在工具选项栏中设置椭圆的大小，如图 12-30 所示，然后绘制一个圆形，如图 12-31 所示。

图12-28　　　　　　　图12-29

图12-30

图12-31

⑪双击该图层，打开"图层样式"对话框，添加"内发光"效果，设置发光颜色为黄色，如图 12-32、图 12-33 所示。

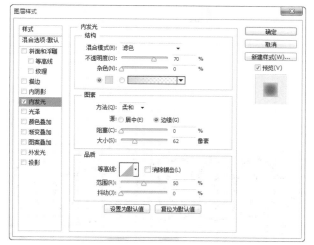

图12-32

图12-33

⑫将前景色设置为黄色。重新设置椭圆的大小（ W：3.6 厘米、H：3.6 厘米 ），然后绘制一个小圆，如图 12-34 所示，使用移动工具 ►，按住 Ctrl 键的同时选择两个圆形图层，按下工具选项栏中的 ↔ 和 ↕ 按钮，使两个圆形的中心对齐，如图 12-35 所示。

图12-34   图12-35

⑬选择矩形工具 ▭，按住 Shift 键锁定比例绘制一个正方形，如图 12-36 所示。

图12-36

⑭双击该图层，打开"图层样式"对话框，添加"内发光"和"投影"效果，如图 12-37 ~ 图 12-39 所示。将前景色设置为黑色，绘制一个黑色矩形，如图 12-40 所示。

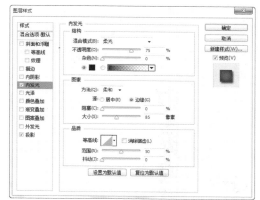

图12-37

图12-38

图12-39

图12-40

⑮选择"火柴人"图层，按下 Ctrl+T 快捷键显示定界框，单击右键选择"旋转 90 度（逆时针）"命令，旋转图像，按住 Shift 键锁定图像的比例，拖动定界框的一角缩小图像，如图 12-41 所示，按下回车键确认操作。按下 Ctrl+J 快捷键复制图像，再将图像缩小，如图 12-42 所示。

图12-41
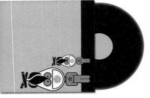
图12-42

⑯将前景色设置为白色，选择横排文字工具 **T**，设置字体为 Impact，大小为 48 点，输入"100% GMO"字样，如图 12-43 所示。在文字图层上单击右键，在下拉菜单中选择"转换为形状"命令，将文本转换为形状图层，如图 12-44 所示。

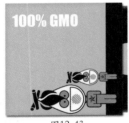
图12-43

图12-44

⑰使用路径选择工具 **k** 选取其中单个字母的路径，按下 Ctrl+T 快捷键调整位置和倾斜的角度，如图 12-45、图 12-46 所示。

图12-45

图12-46

⑱双击该图层，打开"图层样式"对话框，添加"描边"效果，如图 12-47、图 12-48 所示。

图12-47

图12-48

⑲按下 Ctrl+J 快捷键复制当前图层，按下 Ctrl+[键向下移动图层，在工具选项栏中将形状颜色设置为青色，并适当移动其位置，使它与白色文字图形之间保持距离，呈现出立体字的效果，如图 12-49 所示。新建一个图层，将它与蓝色文字图层一同选取，按下 Ctrl+E 快捷键合并，此操作的目的是为了将形状图层及其效果转变为普通图层，如图 12-50 所示。

图12-49

图12-50

20 将前景色设置为青色，选择画笔工具 ✐（尖角 10px），将"%"符号中的黑色线遮盖，如图 12-51 所示。再在两个文字图形的交接处绘制直线，加强立体效果，如图 12-52 所示。

图12-51

图12-52

 提示：

使用画笔工具绘制直线时可先在一点单击，然后按住Shift键在另一点单击，两点之间会以直线连接。

21 选择自定形状工具 ✿，在形状下拉面板中选择"装饰 1"形状，结合画笔工具制作文字装饰图形，如图 12-53、图 12-54 所示。选择适当的字体，输入小文字丰富画面，如图 12-55 所示。

图12-53

图12-54

图12-55

22 分别复制火柴人图层和文字图层，用它们制作出一个小图标放置在光盘上面，如图 12-56 所示。选择除"背景"图层和隐藏的图层组外的所有图层，按下 Alt+Ctrl+E 快捷键盖印，得到一个合并的图层，调整图层的不透明度为 30%，按下 Ctrl+T 快捷键显示定界框，在右键下拉菜单中选择"垂直翻转"命令，将图像翻转，并移动图像位置制作成倒影，如图 12-57 所示。

图12-56　　　　图12-57

23 定位于"背景"图层，选择渐变工具 ▣，打开"渐变编辑器"调整渐变颜色，填充渐变，如图 12-58、图 12-59 所示。

图12-58　　　　图12-59

12.3 隐形人

● 菜鸟级 ● 玩家级 ● 专业级
● 实例类型：特效设计类
● 难易程度：★ ★ ★

● 实例描述：在自然界里，变色龙能根据环境随时改变自身的颜色，将自己完美地隐藏于周围环境中。荷兰女艺术家戴茜丽·帕尔曼从变色龙身上得到灵感，拍摄了大量让人叹为观止的"隐形人"照片。在她的照片中，模特穿着与周围景物一模一样的特制"隐身衣"，在各种环境里"消失"。本实例我们就来PS一张这种有趣的照片。

①按下Ctrl+O快捷键，打开光盘中的素材文件，如图12-60、图12-61所示。

图12-60　　　　　　图12-61

②使用移动工具 将图案素材拖入人物文档中，设置混合模式为"颜色加深"，不透明度为80%，如图12-62、图12-63所示。

图12-62　　　　　　图12-63

③将"背景"图层拖动到面板底部的 按钮上，复制该图层，再将其拖到"图层1"上方，如图12-64所示。使用快速选择工具 选取人物的皮肤和腰上的尺子，如图12-65所示。

图12-64　　　　　　图12-65

④单击"图层"面板底部的 按钮，基于选区创建蒙版，如图12-66所示。如图12-67所示为蒙版的效果，将人物的皮肤还原出来，使人物在画面中更清晰可见，如图12-68所示。

图12-66　　　　图12-67　　　　图12-68

⑤复制"图层1"，拖至面板最顶层，设置混合模式为"柔光"，不透明度为80%，在人物的皮肤上显现淡淡的图案，如图12-69、图12-70所示。

图12-69　　　　　　图12-70

⑥单击"图层"面板底部的 🔲 按钮创建蒙版，使用画笔工具 ✏ 在人物面部涂抹黑色，将这部分图像隐藏，使人物的面部没有花纹效果，如图 12-71、图 12-72 所示。

图12-71　　　　　　　　图12-72

⑦按住 Ctrl 键单击"路径"面板中的"路径 1"，将路径作为选区载入，如图 12-73、图 12-74 所示。

图12-73　　　　　　　　图12-74

⑧单击"图层"面板底部的 ⊘ 按钮，在打开的菜单中选择"色相/饱和度"命令，调整参数使红色的尺子变成绿色，如图 12-75 ~ 图 12-77 所示。

图12-75　　　图12-76　　　图12-77

⑨创建一个"曲线"调整图层，将曲线稍向上调整，增加图像的亮部区域。选择蓝色通道，将曲线向下调整，减少蓝色，增加画面中的黄色，如图 12-78 ~ 图 12-80 所示。

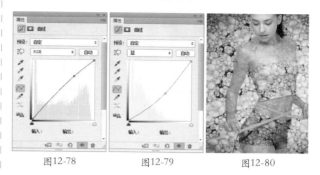

图12-78　　　　图12-79　　　　图12-80

⑩在"图层 1"上方新建一个图层，设置混合模式为"正片叠底"，将前景色设置为深棕色，使用画笔工具 ✏ 绘制出人物的投影，注意不要画到人物的衣服上，如图 12-81、图 12-82 所示。

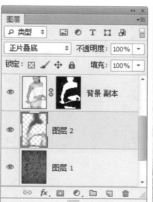

图12-81　　　　　　　　图12-82

12.4　圆环人像

- 菜鸟级　●玩家级　●专业级
- 实例类型：特效设计类
- 难易程度：★ ★ ★ ☆
- 实例描述：将人像素材处理成马赛克状。创建马赛克块大小的圆环，将其定义为图案，通过图层样式，将圆环叠加在每一个马赛克块上，将混合模式设置为"叠加"，使图形叠加到人物图像上。

① 按下 Ctrl+O 快捷键，打开光盘中的素材文件，如图 12-83 所示。单击"图层"面板中的 按钮，新建一个图层。将前景色设置为洋红色，用柔角画笔工具 在人物以外的区域涂抹，如图 12-84 所示。

图12-83　　　　　　　　　图12-84

② 将图层的混合模式设置为"正片叠底"，从而改变背景颜色，如图 12-85、图 12-86 所示。

图12-85　　　　　　　　　图12-86

③ 按下 Ctrl+E 快捷键，将当前图层与下面的图层合并，如图 12-87 所示。执行"滤镜 > 像素化 > 马赛克"命令，设置参数为 60，如图 12-88、

图 12-89 所示。通过该滤镜将人像处理为马赛克状方块，后面还要定义一个圆环图案，在图像中填充该图案后，每一个马赛克方块都会对应一个圆环。

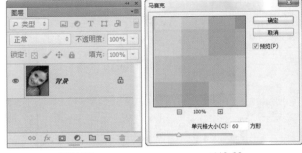

图12-87　　　　　　　　　图12-88

图12-89

④ 单击"图层"面板底部的 按钮，创建"色相 / 饱和度"调整图层，设置参数如图 12-90 所示，效果如图 12-91 所示。

图12-90　　　　　　　　　图12-91

⑤ 按下 Ctrl+N 快捷键打开"新建"对话框，设置文件大小，在"背景内容"下拉列表中选择"透明"，创建一个透明背景的文件，如图 12-92 所示。由于创建的文档太小，按下 Ctrl+0 快捷键放大窗口以方便操作，如图 12-93 所示。

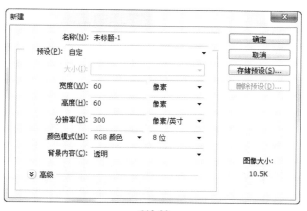

图12-92

图12-93

⑥选择椭圆工具 ◯，在工具选项栏中选择"形状"选项，将前景色设置为白色，按住 Shift 键绘制一个圆形，在绘制时可以同时按住空格键移动图形位置，如图 12-94 所示。按下 Ctrl+C 快捷键复制，按下 Ctrl+V 快捷键粘贴，再按下 Ctrl+T 快捷键显示定界框，按住 Shift+Alt 键拖动控制点，以圆心为中心向内缩小图形，如图 12-95 所示。按下回车键确认。

⑦用路径选择工具 ▶ 单击并拖出一个选框选中两个圆形，如图 12-96 所示，单击工具选项栏中的 ▢ 按钮，在下拉列表中选择排除重叠形状 ◱，通过路径运算在两个圆形中间生成孔洞，如图12-97 所示。

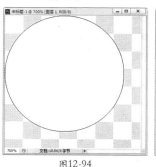

图12-94　　　　图12-95

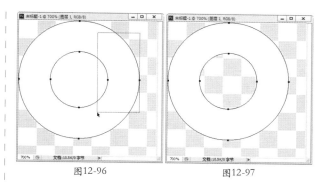

图12-96　　　　图12-97

⑧单击"图层"面板底部的 fx 按钮，选择"投影"命令，打开"图层样式"对话框，为该图层添加"投影"效果，如图 12-98、图 12-99 所示。

图12-98

图12-99

⑨执行"编辑 > 定义图案"命令，打开"图案名称"对话框，如图 12-100 所示，单击"确定"按钮，将圆环图像定义为图案，然后关闭该文档。

图12-100

⑩切换到人物文档，在调整图层上面新建一个图层，填充白色，将该图层的填充不透明度设置为 0%，如图 12-101 所示。双击该图层，打开"图层样式"对话框，在图案选项中选择前面定义的圆环图案，将混合模式设置为"叠加"，使图形叠加到人物图像上，如图 12-102，图 12-103 所示。

图12-101

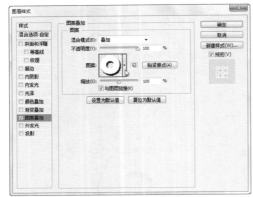

图12-102

图12-103

图12-104

图12-105

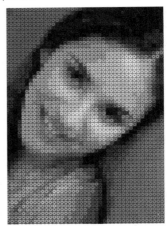

图12-106

⓫选择"背景"图层，单击"图层"面板底部的 ◎ 按钮，创建一个"色调分离"调整图层，如图 12-104、图 12-105 所示，如图 12-106 所示为最终效果。如果放大窗口观察就可以看到，整个图像都是由一个个小圆环组成的，并且，每一个马赛克方块都在一个圆环中。

12.5 激光镭射字

- ●菜鸟级 ●玩家级 ●专业级
- ●实例类型：特效字
- ●难易程度：★ ★ ★ ☆
- ●实例描述：使用自定义的图案给智能对象添加图层样式，通过不同的图案叠加出绚烂的激光效果。

① 按下 Ctrl+O 快捷键，打开三个素材文件，如图 12-107 ~ 图 12-109 所示。

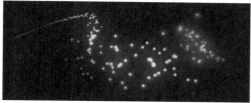

图12-107

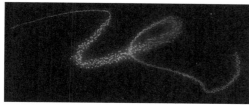

图12-108

图12-109

② 切换到第一个素材文件，执行"编辑 > 定义图案"命令，打开"图案名称"对话框，命名图案为"图案 1"，如图 12-110 所示。单击"确定"按钮关闭对话框，用同样的方法将另外两个文件定义为图案。

图12-110

③ 按下 Ctrl+O 快捷键，打开一个素材文件，如图 12-111、图 12-112 所示。图中的文字为矢量智能对象，双击 图标，可以在 Illustrator 软件中打开智能对象原文件，对图形进行编辑，然后按下 Ctrl+S 快捷键保存，Photoshop 中的对象会同步更新，这是矢量智能对象的优势。

图12-111　　　　　　　　图12-112

④ 双击该图层，打开"图层样式"对话框，在左侧列表中选择"投影"效果，设置参数如图 12-113 所示。选择"图案叠加"效果，在图案下拉面板中选择自定义的"图案 1"，设置缩放参数为 184%，如图 12-114 所示，效果如图 12-115 所示。

⑤ 不要关闭"图层样式"对话框，此时将光标放在文字上，光标会自动呈现为移动工具 ，在文字上拖动鼠标，可以改变图案在文字中的位置，如图 12-116 所示。调整完毕后再关闭对话框。

图12-113

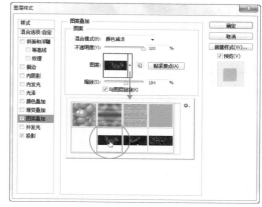

图12-114

图12-115　　　　　　　　图12-116

⑥ 按下 Ctrl+J 快捷键复制当前图层，如图 12-117 所示。选择移动工具 ，按下键盘中的↑键，连续按 10 次，使文字之间产生一定距离，如图 12-118 所示。

图12-117　　　　　　图12-118

⑦双击该图层后面的 fx 图标，打开"图层样式"对话框，选择"图案叠加"效果，在图案下拉面板中选择"图案 2"，修改缩放参数为 77%，如图 12-119 所示，效果如图 12-120 所示。同样，在不关闭对话框的情况下，调整图案的位置，如图 12-121 所示。

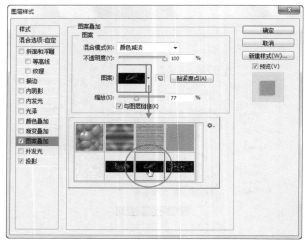

图12-119

图12-120　　　　　　图12-121

⑧重复上面的操作。复制图层，如图 12-122 所示。将复制后的文字向上移动，如图 12-123 所示。使用自定义的"图案 3"对文字进行填充，如图 12-124、图 12-125 所示。

⑨在画面中输入其他文字，注意版面的布局，如图 12-126 所示。

图12-122　　　　　　图12-123

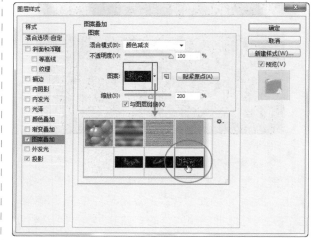

图12-124

图12-125　　　　　　图12-126

12.6　金属特效字

- ●菜鸟级　●玩家级　●专业级
- ●实例类型：特效字
- ●难易程度：★★★☆
- ●实例描述：使用图层样式制作出金属质感的立体效果。

图12-131

① 按下 Ctrl+O 快捷键，打开光盘中的素材文件，如图 12-127 所示。使用横排文字工具T 在画面中单击输入文字，在工具选项栏中设置字体及大小，如图 12-128 所示。

图12-127

图12-128

② 双击该图层，打开"图层样式"对话框，在左侧列表中分别选择"内发光"、"渐变叠加"、"投影"选项并设置参数，如图 12-129 ~ 图 12-132 所示。

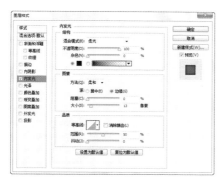
图12-129

图12-130

图12-132

③ 选择"斜面和浮雕"、"等高线"选项，使文字呈现立体效果，并具有一定的光泽感，如图 12-133 ~ 图 12-135 所示。

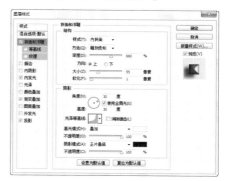
图12-133

图12-134

图12-135

④打开一个纹理素材，如图 12-136 所示。使用移动工具┡┽将素材拖到文字文档中，如图 12-137 所示。按下 Alt+Ctrl+G 快捷键创建剪贴蒙版，将纹理图像的显示范围限定在文字区域内，如图 12-138、图 12-139 所示。

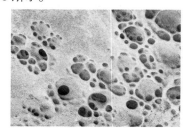

图12-136

图12-137　　　　　　　　图12-138

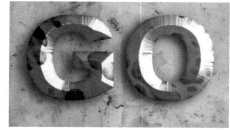

图12-139

⑤双击"图层 1"，打开"图层样式"对话框，按住 Alt 键拖动"本图层"选项中的白色滑块，将滑块分开，拖动时观察渐变条上方的数值到 202 时放开鼠标，如图 12-140 所示。此时纹理素材中色

阶高于 202 的亮调图像会被隐藏起来，只留下深色图像，使金属字具有斑驳的质感，如图 12-141 所示。

⑥使用横排文字工具**T**输入文字，如图 12-142 所示。

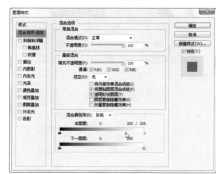

图12-140

图12-141　　　　　　　图12-142

⑦按住 Alt 键，将文字"GO"图层的效果图标**fx**拖动到当前文字图层上，为当前图层复制效果，如图 12-143、图 12-144 所示。

图12-143　　　　　　　图12-144

⑧执行"图层 > 图层样式 > 缩放效果"命令，对效果进行缩放，使其与文字大小相匹配，如图 12-145、图 12-146 所示。

图12-145

图12-146

⑨按住 Alt 键将"图层 1"拖动到当前文字层的上方，复制出一个纹理图层，按下 Alt+Ctrl+G 快捷键创建剪贴蒙版，为当前文字同样应用纹理贴图，如图 12-147、图 12-148 所示。

图12-147

图12-148

⑩单击"调整"面板中的 按钮，创建"色阶"调整图层，拖动阴影滑块，增加图像色调的对比度，如图 12-149 所示。使金属质感更强，再输入其他文字，效果如图 12-150 所示。

图12-149

图12-150

12.7 可爱卡通形象设计

- ●菜鸟级 ●玩家级 ●专业级
- ●实例类型：动漫设计类
- ●难易程度：★★★☆
- ●实例描述：通过图层样式给小猪添加颜色、光泽和立体感。再通过"渐变叠加"制作出条纹图案，学习调整渐变样式与角度，制作出不同的条纹效果。

③双击该图层，在打开的"图层样式"对话框中分别选择"斜面和浮雕"、"等高线"、"内阴影"效果，设置参数如图 12-154 ～ 图 12-156 所示，效果如图 12-157 所示。

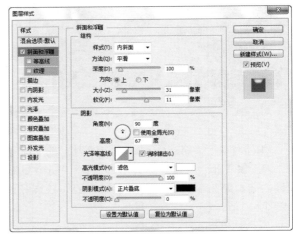

图12-154

① 按下 Ctrl+N 快捷键打开"新建"对话框，创建一个 A4 大小、分辨率为 200 像素 / 英寸的 RGB 文件。

② 选择钢笔工具 ，在工具选项栏中选择"形状"选项，绘制出小猪的身体，如图 12-151 所示。选择椭圆工具 ，在工具选项栏中选择减去顶层形状 ，在图形中绘制一个圆形，它会与原来的形状相减，形成一个孔洞，如图 12-152、图 12-153 所示。

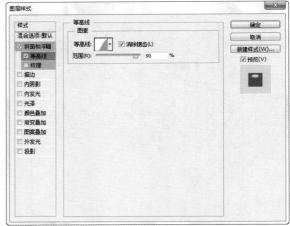

图12-155

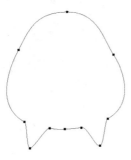

图12-151

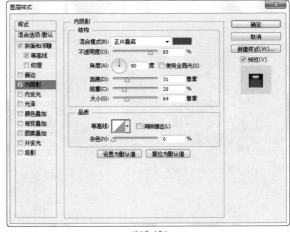

图12-156

图12-152

图12-153

图12-157

④选择"内发光"、"渐变叠加"、"外发光"效果，为小猪的身上增添色彩，如图 12-158 ～图 12-161 所示。

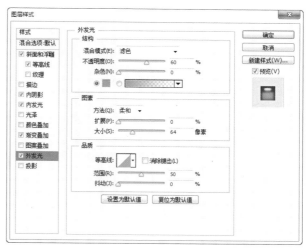

图12-160

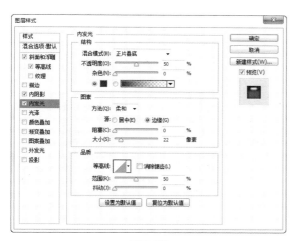

图12-158

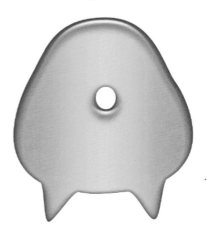

图12-161

⑤选择"投影"效果，增强图形的立体感，如图 12-162、图 12-163 所示。

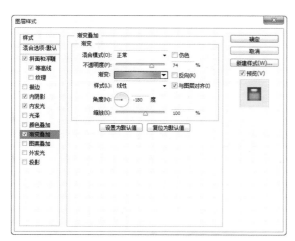

图12-159

图12-162

图12-163

⑥绘制小猪的耳朵，如图 12-164 所示。使用路径选择工具 ▶ 按住 Alt 键拖动耳朵，将其复制到画面右侧，执行"编辑 > 变换路径 > 水平翻转"命令，制作出小猪右侧的耳朵，如图 12-165 所示。

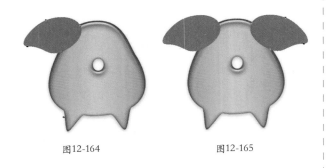

图12-164　　　　　　　图12-165

⑦按下 Ctrl+[键将"形状 2"向下移动，按住 Alt 键拖动"形状 1"图层后面的效果图标 到"形状 2"，复制效果到耳朵上，如图 12-166、图 12-167 所示。

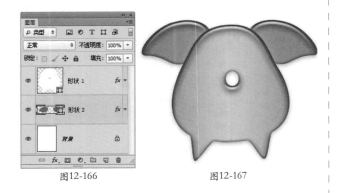

图12-166　　　　　　　图12-167

⑧给小猪绘制一个像兔子一样的耳朵，复制图层样式到耳朵上，如图 12-168、图 12-169 所示。

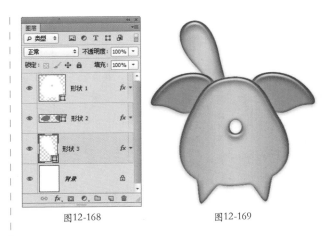

图12-168　　　　　　　图12-169

⑨将前景色设置为黄色，双击"形状 3"图层，打开"图层样式"对话框，选择"内阴影"选项，调整参数，如图 12-170 所示。选择"渐变叠加"选项，单击渐变后面的 ▣ 按钮，打开渐变下拉面板，选择"透明条纹渐变"选项，由于前景色设置成了黄色，透明条纹渐变也会呈现黄色，将角度设置为 113 度，如图 12-171、图 12-172 所示。

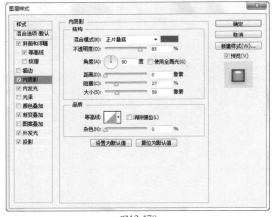

图12-170

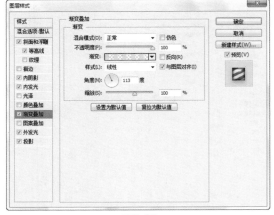

图12-171

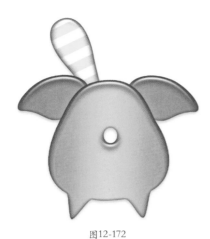

图12-172

图12-175

⑩按下 Ctrl+J 快捷键复制耳朵图层，将其水平翻转到另一侧，如图 12-173 所示。双击该图层，在"渐变叠加"选项中调整角度参数为 65 度，如图 12-174、图 12-175 所示。

⑪分别绘制出小猪的眼睛、鼻子、舌头和脸上的红点，它们位于不同的图层中，注意图层的前后位置，如图 12-176 所示。绘制眼睛时，可以先画一个黑色的圆形，再画一个小一点的圆形选区，按下 Delete 键删除选区内图像，就形成了一个月牙儿形了。

图12-173

图12-176

⑫选择自定形状工具 ，在形状下拉面板中选择"圆形边框"，在小猪的左眼上绘制眼镜框，如图 12-177、图 12-178 所示。按住 Alt 键拖动耳朵图层的效果图标 fx 到眼镜图层，使眼镜框产生条纹效果，如图 12-179 所示。

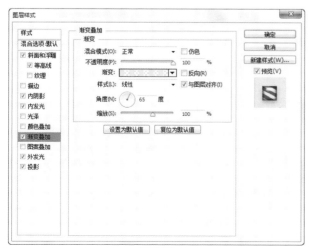

图12-174

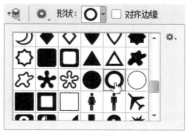

图12-177

图12-178   图12-179

图12-182

13 双击该图层，调整"渐变叠加"的参数，设置渐变样式为"对称的"，角度为 180 度，如图 12-180、图 12-181 所示。

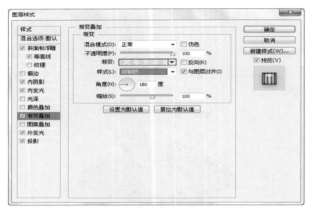

图12-180

15 将前景色设置为紫色，在眼镜框图层下方新建一个图层，选择椭圆工具 ⬭，在工具选项栏中选择"像素"选项，绘制眼镜片，设置图层的不透明度为 63%，如图 12-183、图 12-184 所示。

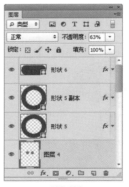
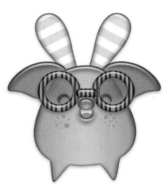

图12-183   图12-184

图12-181

14 按下 Ctrl+J 快捷键复制眼镜框图层，使用移动工具 ⬈ 将其拖到右侧眼睛上。绘制一个圆角矩形连接两个眼镜框，如图 12-182 所示。

16 新建一个图层，用与制作眼睛相同的方法，制作出两个白色的月牙儿图形，设置图层的不透明度为 80%，如图 12-185、图 12-186 所示。

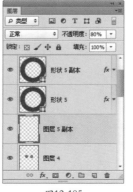

图12-185   图12-186

17 选择画笔工具 ✐ （柔角），设置画笔参数如图 12-187 所示。将前景色设置为深棕色,选择"背景"图层，单击 ▢ 按钮在其上方新建一个图层，在小猪的脚下单击，绘制出投影效果，如图 12-188 所示。

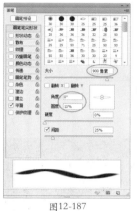

图12-187

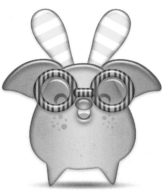

图12-188

18 最后，为小猪绘制一个黄色的背景，在画面下方输入文字，效果如图 12-189 所示。

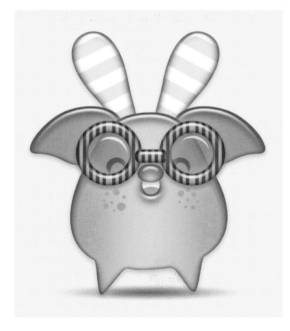

图12-189

12.8 绚丽光效设计

● 菜鸟级 ●玩家级 ●专业级
● 实例类型：特效设计类
● 难易程度：★ ★ ★ ★
● 实例描述：绘制矢量图形并添加图层样式，产生光感特效。再通过复制、变换图形与编辑图层样式，改变图形的外观及发光颜色，使画面光效绚丽丰富。

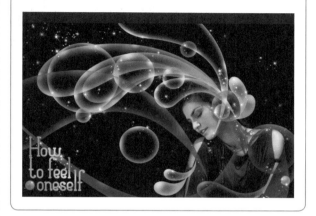

1 按下 Ctrl+O 快捷键,打开光盘中的素材文件，如图 12-190 所示。

图12-190

2 单击"图层"面板底部的 ▢ 按钮，新建一个图层，选择渐变工具 ▣，按下工具选项栏中的径向渐变按钮 ▣，打开渐变下拉面板，选择"透明彩虹渐变"，如图 12-191 所示。在画面右上方拖动鼠标创建渐变，如图 12-192 所示。

图12-191

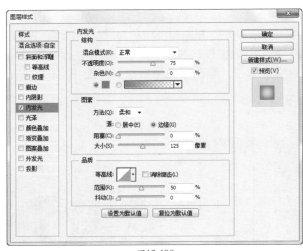

图12-192

③设置该图层的混合模式为"柔光"，不透明度为 70%，如图 12-193、图 12-194 所示。

图12-193

图12-194

④单击"图层"面板底部的 按钮，新建一个图层组，在图层组的名称上双击，命名为"粉红色"，如图 12-195 所示。选择钢笔工具 ，在工具选项栏中选择"形状"选项，在画面中绘制一个路径形状，如图 12-196 所示。

图12-195

图12-196

⑤在"图层"面板中设置该图层的填充不透明度为 0%，如图 12-197 所示。双击该图层，打开"图层样式"对话框，在左侧列表中选择"内发光"效果，设置参数如图 12-198 所示，效果如图 12-199 所示。

图12-198

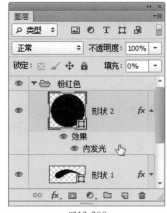

图12-199

⑥使用椭圆工具 ，按住 Shift 键绘制一个小一点的圆形，按住 Alt 键将"形状 1"图层后面的效果图标 拖动到"形状 2"，复制图层效果，双击"内发光"效果，如图 12-200 所示。修改大小参数为 70 像素，如图 12-201 所示，减小发光范围，效果如图 12-202 所示。

图12-197

图12-200

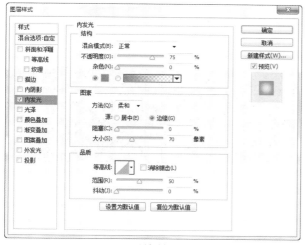

图12-201

图12-202

⑦选择"形状 1"图层，按下 Ctrl+J 快捷键复制该图层，按下 Ctrl+T 快捷键显示定界框，单击鼠标右键，在下拉快捷菜单中选择"垂直翻转"命令，将图形翻转，再适当缩小，如图 12-203 所示。

图12-203

接下来要通过复制、变换的方法制作出更多的图形，而图形的颜色则要通过修改"图层样式"中的内发光颜色来改变。

①新建一个名称为"黄色"的图层组。将前面制作好的图形复制一个，拖到该组中，如图 12-204 所示。将图形放大，双击图层后面的效果图标 fx，打开"图层样式"对话框，选择"内发光"效果，单击颜色按钮打开"拾色器"对话框，将发光颜色设置为黄色，如图 12-205 ～图 12-207 所示。

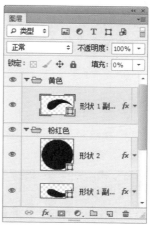

图12-204

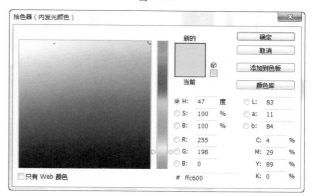

图12-205

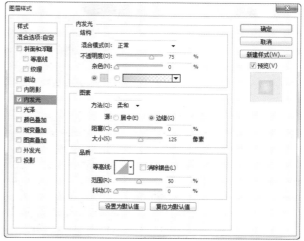

图12-206

图12-207

②复制黄色图形，调整大小及角度，组成如图12-208 所示的效果。用同样方法制作出蓝色、深蓝色、绿色、紫色和红色的图形，使画面丰富绚烂，如图 12-209 所示。

图12-208　　　　　　　图12-209

③将前景色设置为白色，选择渐变工具 ■，按下径向渐变按钮 ■，在渐变下拉面板中选择"前景色到透明渐变"，如图 12-210 所示。新建一个图层，在发光图形上面创建径向渐变，如图 12-211 所示。设置混合模式为"叠加"，在画面中添加更多渐变，形成闪亮发光的特效，如图 12-212、图 12-215 所示。

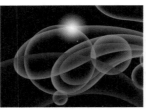

图12-210　　　　　　　图12-211

图12-212　　　　　　　图12-213

④打开一个素材文件，如图 12-214 所示，使用移动工具 ✛ 将星星和文字拖到当前文档中，完成后的效果如图 12-215 所示。

图12-214　　　　　　　图12-215

12.9　优雅艺术拼贴

● 菜鸟级　●玩家级　●专业级
● 实例类型：特效设计类
● 难易程度：★★★☆
● 实例描述：本实例是在图层蒙版中绘制大小不同的方块，对图像进行遮罩，再通过色彩的调整，产生微妙的变化。

①按下 Ctrl+O 快捷键，打开光盘中的素材文件，如图 12-216 所示。新建一个图层，选择画笔工具 ✐（柔角 300px，不透明度 20%），在照片上涂抹白色，四周的景物可多涂一些，如图 12-217 所示。

图12-216　　　　　　　图12-217

②将"背景"图层拖动到 ▣ 按钮上进行复制，将"背景副本"图层拖到顶层，按住 Alt 键单击 ▣ 按钮，创建一个反相（黑色）的蒙版，如图12-218 所示。选择矩形工具 ▢ ，在工具选项栏中选择"像素"选项，创建一个白色的矩形，如图 12-219 所示。

图12-218　　　　　　　图12-219

③双击该图层，打开"图层样式"对话框，分别选择"投影"、"内发光"和"描边"效果，如图 12-220 ~ 图 12-223 所示。

图12-220

图12-221

图12-222

图12-223

④继续绘制大小不同的矩形，如图 12-224 所示为蒙版效果，如图 12-225 所示为图像效果。

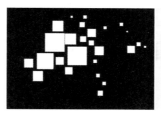

图12-224　　　　　　　图12-225

⑤单击"调整"面板中的 ▣ 按钮，创建"照片滤镜"调整图层，在"滤镜"下拉列表中选择"深褐色"，设置参数为 100%，如图 12-226 所示。设置该图层的混合模式为"滤镜"，不透明度为80%，按下 Alt+Ctrl+G 快捷键创建剪贴蒙版，如图 12-227、图 12-228 所示。

图12-226　　　　　　　图12-227

图12-228

⑥按住 Alt 键向上拖动"背景副本"图层到面板最顶层，复制该图层，如图 12-229 所示。单击蒙版缩览图，填充黑色，如图 12-230 所示。

图12-229　　　　　　图12-230

⑦在这个图层中重新绘制矩形，要与下面图层中矩形错开位置，并且有大小变化，如图 12-231 所示为蒙版效果，如图 12-232 所示为图像效果。

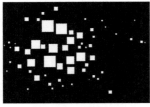

图12-231　　　　　　图12-232

⑧按下 Ctrl+J 快捷键复制图层，单击蒙版缩览图，填充黑色，如图 12-233 所示。设置前景色为白色，背景色为黑色，使用矩形工具 绘制一个白色的矩形，如图 12-234 所示。

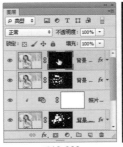

图12-233　　　　　　图12-234

⑨使用矩形选框工具 将矩形框选，按下 Ctrl+T 快捷键显示定界框，如图 12-235 所示。单击鼠标右键，在下拉菜单中选择"变形"命令，拖动网格的左下角，如图 12-236 所示。按下回车键确认操作，制作一个页面掀起的效果，如图 12-237、图 12-238 所示。

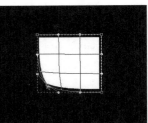

图12-235　　　　　　图12-236

图12-237　　　　　　图12-238

⑩按住 Ctrl 键单击面板底部的按钮 ，在当前图层下方新建一个图层，设置不透明度为 50%，如图 12-239 所示。选择矩形选框工具 ，在工具选项栏中设置羽化参数为 1px，绘制一个选区，填充黑色，如图 12-240 所示。执行"编辑 > 变换 > 变形"命令，调整图形的左下角，将其向外拉伸，如图 12-241 所示。

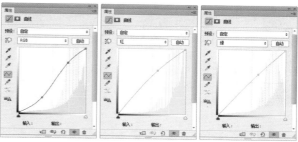

图12-239　　　图12-240　　　图12-241

11 单击"调整"面板中的 🔲 按钮,创建"色阶"调整图层,向右拖动黑色滑块,如图 12-242 所示。使用画笔工具 ✎ 在人物上涂抹黑色,使调整图层对人物不产生影响,如图 12-243、图 12-244 所示。

图12-245　　　图12-246　　　图12-247

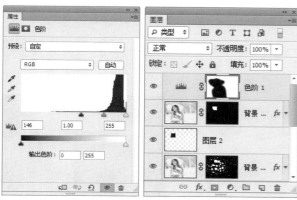

图12-242　　　图12-243

图12-248　　　图12-249

图12-244

12.10　咖啡壶城堡

- ●菜鸟级　●玩家级　●专业级
- ●实例类型：平面设计类
- ●难易程度：★★★★☆
- ●实例描述：本实例主要通过制作图层蒙版、剪贴蒙版、变形与混合模式等功能将咖啡壶与城堡合成在一起。背景合成时使用了两幅风景图像,通过照片滤镜调整图层来统一色调。

12 创建"曲线"调整图层,先调整 RGB 曲线,增加图像的对比度,如图 12-245 所示。再分别调整红、绿和蓝通道曲线,如图 12-246 ~ 图 12-248 所示。使画面色彩清新亮丽,最后,输入文字,注意版式与布局,如图 12-249 所示。

1 按下 Ctrl+O 快捷键,打开光盘中的素材文件,如图 12-250、图 12-251 所示。

图12-250   图12-251

②单击"路径"面板底部的 按钮，将路径作为选区载入，如图 12-252 所示。按下 Ctrl+J 快捷键复制选区内的图像，如图 12-253 所示。

图12-252   图12-253

③打开光盘中的素材文件，如图 12-254 所示。将它拖动到咖啡壶文件中，设置混合模式为"叠加"，按下 Alt+Ctrl+G 快捷键创建剪贴蒙版，将建筑物的显示区域限定在咖啡壶的范围内，如图 12-255、图 12-256 所示。

图12-254   图12-255

图12-256

④下面要对建筑物稍加变形，以匹配咖啡壶的外观。按下 Ctrl+T 快捷键显示定界框，将图像朝逆时针方向旋转，如图 12-257 所示。单击鼠标右键，在下拉菜单中选择"变形"命令，拖动控制点，改变图像的形状，如图 12-258 所示。

图12-257   图12-258

⑤添加一个图层蒙版，使用柔角画笔工具 在建筑物顶部涂抹黑色，将其隐藏，然后再涂抹左侧壶柄处的图像，如图 12-259、图 12-260 所示。

图12-259   图12-260

⑥复制"图层 2"，通过两个图层的叠加，可以使建筑物更加清晰。咖啡壶的材质是陶瓷的，有着强烈的反光，需要对蒙版进行修饰，使建筑物上也能体现这一特征，单击图层蒙版缩览图，进入蒙版编辑状态，将画笔工具的不透明度设置为 30%，在壶两边的图像上涂抹，使这一区域淡淡地显示出咖啡壶，这样就可以将建筑物与壶的色调和光感相协调，如图 12-261、图 12-262 所示。

图12-261   图12-262

⑦下面再强调一下建筑物的纹理与细节。复制"图层 2 副本"，执行"滤镜 > 风格化 > 照亮边缘"命令，设置参数如图 12-263 所示。设置该图层的混合模式为"线性减淡（添加）"，如图 12-264、图 12-265 所示。

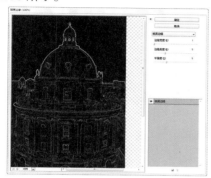

图12-263

图12-264

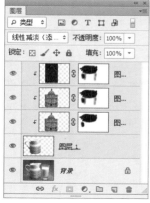 

图12-265

⑧按住 Shift 键单击"图层 1"，将除背景图层以外的所有图层选择，如图 12-266 所示，按下 Alt+Ctrl+E 快捷键将它们盖印到一个新的图层中，修改图层的名称为"城堡"，如图 12-267 所示。

图12-266　　　　　　图12-267

⑨打开光盘中的素材文件，如图 12-268 所示。将咖啡壶城堡拖动到风景文件中，如图 12-269 所示。

图12-268　　　　　　图12-269

⑩选择背景图层，按下 Ctrl+J 快捷键进行复制，修改它的名称为"大地"，如图 12-270 所示。重新选择背景图层，使用渐变工具█填充由深红色到暗橙色的线性渐变，如图 12-271 所示。

图12-270　　　　　　图12-271

⑪选择"大地"图层，单击添加图层蒙版按钮█，然后在蒙版中填充一个线性渐变，将雪山隐藏，如图 12-272、图 12-273 所示。

图12-272　　　　　　图12-273

⑫打开光盘中的素材文件，如图 12-274 所示。将它拖动到当前文件中，放在"大地"图层下面，修改它的命名为"天空"，设置混合模式为"明度"，如图 12-275、图 12-276 所示。

图12-274

图12-275　　　　　　　　　　图12-276

⑬仔细观察图像的合成效果可以发现，远山处还有依稀可见的树影，这一区域显得不够真实，如图 12-277 所示。单击"大地"图层的蒙版缩览图，如图 12-278 所示，使用黑色的柔角画笔在树木上涂抹（将不透明度设置为 30%），使其逐渐消失，对于稍近距离的那两颗小树，如图 12-279 所示，则要在它们上面涂抹白色，以使它们变得更加清晰。

图12-277　　　　　　　　　　图12-278

图12-279

⑭创建"照片滤镜"调整图层，参数设置如图 12-280 所示，统一画面色调，如图 12-281 所示。

图12-280　　　　　　　　　　图12-281

⑮在咖啡壶城堡下方新建一个图层，使用黑色的柔角画笔为咖啡壶城堡绘制投影，越靠近城堡的部分投影的颜色就要越深，如图 12-282 所示。再

新建一个图层，在瓶口和把手处涂抹黄色，如图 12-283 所示。设置该图层的混合模式为"正片叠底"，不透明度为 25%，按下 Alt+Ctrl+G 快捷键创建剪贴蒙版，如图 12-284、图 12-285 所示。

图12-282　　　　　　　　　　图12-283

图12-284　　　　　　　　　　图12-285

⑯按住 Shift 键单击"图层 1"，选择如图 12-286 所示的三个图层，按下 Alt+Ctrl+E 快捷键盖印图层，如图 12-287 所示。

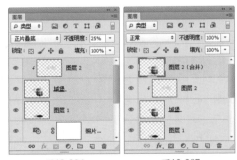

图12-286　　　　　　　　　　图12-287

⑰将咖啡壶缩小，移动到画面左侧，按下 Ctrl+U 快捷键打开"色相/饱和度"对话框，降低色彩的饱和度与明度，如图 12-288、图 12-289 所示。

图12-288

图12-289

18 在远处制作一个更小一点的城堡，将它的不透明度设置为 65%，完成后的效果如图 12-290 所示。

图12-290

12.11 鼠绘超写实跑车

- ●菜鸟级 ●玩家级 ●专业级
- ●实例类型：鼠绘类
- ●难易程度：★★★★★
- ●实例描述：我们使用电脑绘制汽车、轮船、手机等写实类效果的对象时，如果仅靠画笔、加深、减淡等工具，没法准确表现对象的光滑轮廓。在绘制此类效果图时，最好先用钢笔工具将对象各个部件的轮廓描绘出来，如果有样本图像的话，可以在样本上描摹，然后将路径转换为选区，用选区限定绘画区域，就可以绘制出更加逼真的效果。

12.11.1 绘制车身

① 按下 Ctrl+O 快捷键，打开光盘中的素材文件，如图 12-291 所示。该文件中包含了跑车各个部分的路径轮廓，如图 12-292 所示。

图12-291　　　　　　　　图12-292

② 单击"图层"面板底部的 按钮，创建一个图层组，命名为"车身"。单击 按钮，创建一个名称为"轮廓"的图层，如图 12-293 所示。单击"路径"面板中的"轮廓"路径，如图 12-294 所示。将前景色设置为深灰色（R71、G71、B71），按下"路径"面板底部的 ● 按钮，用前景色填充路径，如图 12-295 所示。

图12-293　　　　　　　　图12-294

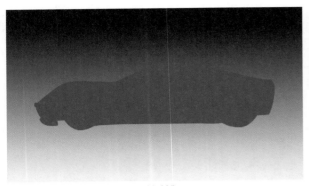

图12-295

③单击"图层"面板中的 🔲 按钮，在"轮廓"图层上方新建一个名称为"车体"的图层，如图 12-296 所示。按住 Ctrl 键单击"路径"面板中的"车体"路径，载入选区，如图 12-297 所示。将前景色设置为红色，背景色为深红色，选择渐变工具 🔳，在选区内填充线性渐变，如图 12-298 所示。

图12-296　　　　　　　图12-297

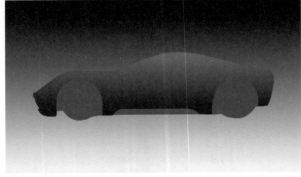

图12-298

④创建新的图层，分别对"车窗"和"暗影"路径进行填充，如图 12-299、图 12-300 所示。

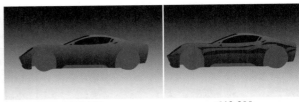

图12-299　　　　　　　图12-300

⑤将"暗影"图层的不透明度设置为 50%，使车身呈现出光影变化，如图 12-301，图 12-302 所示。

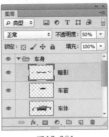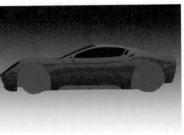

图12-301　　　　　　　图12-302

⑥选择"车体"图层。使用椭圆选框工具 ⬭ 按住 Shift 键创建一个选区，如图 12-303 所示。选择减淡工具 🔍（柔角 90 像素；范围：中间调；曝光度：10%），涂抹选区内的图像，绘制出跑车前轮的挡板，如图 12-304 所示。

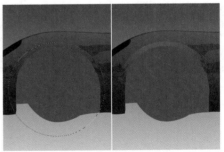

图12-303　　　　　　　图12-304

⑦选择加深工具 👁（范围：中间调；曝光度：10%），涂抹边缘部分，表现出挡板的厚度，如图 12-305 所示。用相同方法绘制出后轮的挡板，如图 12-306 所示。

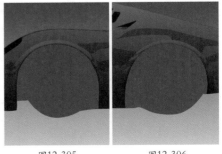

图12-305　　　　　　　图12-306

⑧在"车体"图层上面新建一个名称为"车体高光"的图层。选择钢笔工具 ✐，在工具选项栏中选择"路径"选项，沿车体的曲线绘制一条路径，如图 12-307 所示。将前景色设置为白色。选择画笔工具 ✐，单击"路径"面板底部的 ○ 按钮对车体进行描边，如图 12-308 所示。

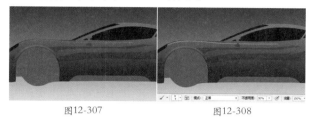

图12-307　　　　　　　　　　图12-308

⑨按住 Alt 键单击"路径"面板中的 ○ 按钮，在弹出的对话框中勾选"模拟压力"选项，如图 12-309 所示，用画笔工具对路径再次描边。然后用橡皮擦工具 ✐ 涂抹图形，对高光图形进行修正，使右侧的线条变细，如图 12-310 所示。

图12-309

图12-310

⑩用相同的方法绘制出其他区域的高光，如图 12-311 所示。在"车窗"图层上方新建一个名称为"车灯亮光"的图层，用钢笔工具 ✐ 绘制一个图形，如图 12-312 所示。按下 Ctrl+ 回车键将路径转换为选区，在选区内填充白色，按下 Ctrl+D 快捷键取消选择。用模糊工具 ○ 涂抹图形边缘，将图形适当柔化，如图 12-313 所示。

图12-311

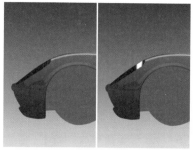

图12-312　　　　　　　图12-313

⑪选择"车体"图层，用减淡工具 ◉ 和加深工具 ◉ 涂抹车窗部分，绘制出后视镜图形，用相同的方法绘制出车体整体的明暗效果，如图 12-314 所示。

图12-314

提示：

可以创建选区对涂抹范围进行限制。选区的形状可以用钢笔工具绘制对应的路径图形，然后按Ctrl+回车键转换得到。

⑫选择加深工具 ◉，在工具选项栏中设置参数，如图 12-315 所示。

图12-315

⑬选择"缝隙"路径，如图 12-316 所示。按住 Alt 键单击"路径"面板中的 ○ 按钮，弹出"描边路径"对话框，在下拉列表中选择加深工具 ◉，并取消"模拟压力"选项的勾选，如图 12-317 所示，单击"确定"按钮，用加深工具沿路径描边，绘制出车门与车体间的缝隙，如图 12-318 所示。选择吸管工具 ✐，在缝隙边缘单击，拾取缝隙周围车体的颜色，用画笔工具 ✐ 涂抹加深部分，对"缝隙"进行修正，如图 12-319 所示。

图12-316　　　　　　　图12-317

图12-318　　　　　　　图12-319

图12-324

12.11.2　制作车轮

①在"车身"图层组上新建一个名称为"车轮"的图层组，再创建一个名称为"前轮毂"的图层，如图 12-325 所示。按住 Ctrl 键单击"轮毂"路径，载入选区，在选区内填充浅青色（R230、G237、B238），如图 12-326 所示。

⑭使用路径选择工具 ，在画面中单击"缝隙"路径，将其选择，按两次"→"键，将路径向右移动，然后用减淡工具 绘制出缝隙处的高光，再用画笔工具 进行修正，如图 12-320 所示。

图12-320

图12-325　　　　　　　图12-326

②选择椭圆工具 ，在工具选项栏中选择"路径"选项，单击 按钮，在下拉菜单中选择"合并形状 "选项，按住Shift键绘制5个相同大小的圆形，并使之排列成正五边形，如图 12-327 所示。按下Ctrl+ 回车键转换为选区，分别用减淡工具 和加深工具 涂抹选区内的图像，绘制出轮毂上的螺丝，如图 12-328 所示。

⑮分别单击"路径"面板中汽车各部分的路径，然后载入选区，或填充色，或用减淡和加深工具涂抹选区内的图像，绘制出明暗效果，如图 12-321 ～图 12-324 所示。

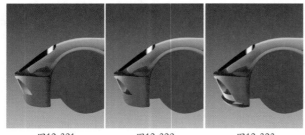

图12-321　　　　图12-322　　　　图12-323

图12-327　　　　　　　图12-328

提示：

　　创建五个圆形路径后，可以用多边形工具 ⬡ 绘制一个正五边形，然后用路径选择工具 ▶ 将圆的圆心与正五边形的顶点对齐，这样就可以将五个圆形排成正五边形的形状。

③用相同的方法绘制出轮毂中心部分的立体形状，如图 12-329、图 12-330 所示。

图12-329　　　　　　　图12-330

④双击该图层，打开"图层样式"对话框，在左侧列表分别选择"投影"、"斜面和浮雕"选项，设置参数如图 12-331、图 12-332 所示，效果如图 12-333 所示。

图12-331

图12-332

图12-333

⑤绘制车轮部分，如图 12-334、图 12-335 所示。

图12-334　　　　　　　图12-335

⑥绘制刹车盘，并为其添加"斜面和浮雕"效果，使刹车盘呈现立体感，如图 12-336 ～ 图 12-338 所示。

图12-336

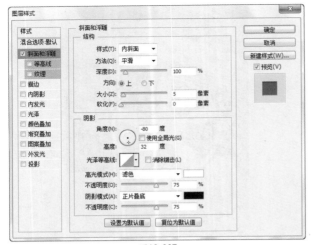

图12-337

图12-338

⑦新建一个图层，选择椭圆工具 ◯，在工具选项栏中选择"像素"选项，按住 Shift 键绘制 4 个相同大小的圆形，如图 12-339 所示。按住 Alt 键在该图层前面的眼睛图标 ◉ 上单击，隐藏除该图层外的所有图层。用矩形选框工具 ⬚ 将这 4 个圆形选取，执行"编辑 > 定义画笔预设"命令，将它们定义为画笔，如图 12-340 所示。按下 Delete 键，删除选区内图形。

图12-339   图12-340

⑧选择画笔工具 ✎，按下 F5 键打开"画笔"面板，选择我们自定义的画笔，设置参数如图 12-341、图 12-342 所示。单击"路径"面板中的"刹车盘花纹"路径，单击 ○ 按钮对路径进行描边，效果如图 12-343 所示。

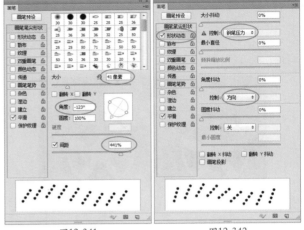

图12-341   图12-342

图12-343

⑨双击该图层，打开"图层样式"对话框，为其添加"投影"效果，如图 12-344、图 12-345 所示。

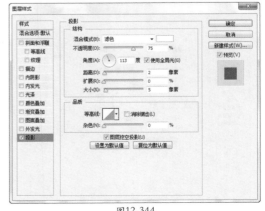

图12-344

图12-345

⑩继续完善车轮的细节。制作完前面的车轮后，可以拖动"车轮"图层组到"图层"面板底部的 🗋 按钮进行复制，再使用移动工具➦将其移至汽车尾部，效果如图 12-346 所示。

图12-346

⑪在"背景"图层上方新建一个名称为"投影"的图层，用钢笔工具 ✍ 绘制出投影的形状，如图 12-347 所示。按下 Ctrl+ 回车键将路径转换为选区，将前景色设置为黑色，按下 Alt+Delete 键，在选区内填充黑色，按下 Ctrl+D 快捷键取消选择，如图 12-348 所示。

图12-347　　　　图12-348

⑫执行"滤镜 > 模糊 > 动感模糊"命令，打开"动感模糊"对话框，设置参数如图 12-349 所示，对投影进行模糊，效果如图 12-350 所示。

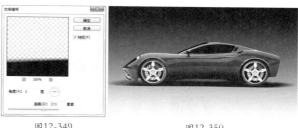

图12-349　　　　图12-350

⑬用模糊工具 ⬤ 涂抹投影的边缘，使其更加柔化，最终效果如图 12-351 所示。

图12-351

12.12　CG风格人物

- ●菜鸟级　●玩家级　●专业级
- ●实例类型：平面设计类
- ●难易程度：★ ★ ★ ★ ★
- ●实例描述：通过修饰图像、调整颜色、绘制和添加特殊装饰物等，改变人物原有的气质和风格，打造出完全不同的面貌，既神秘、又带有魔幻色彩。

12.12.1 面部修饰

①按下 Ctrl+O 快捷键，打开光盘中的素材文件，如图 12-352 所示。单击"图层"面板底部的 按钮，新建一个图层，如图 12-353 所示。

图12-352　　　　　　　　　图12-353

②选择仿制图章工具 ，设置工具大小为柔角 40 像素，勾选"对齐"选项，在"样本"下拉列表中选择"所有图层"，如图 12-354 所示。

图12-354

③按住 Alt 键在人物的眼眉上方单击进行取样，如图 12-355 所示。放开 Alt 键在眼眉上拖动鼠标，将眼眉遮盖，如图 12-356、图 12-357 所示。遮盖后皮肤上有一条明显的线，将仿制图章工具的不透明设置为 30%，在这条线上涂抹，直到产生柔和的过渡，如图 12-358 所示。

 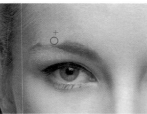

图12-355　　　　　　　　　图12-356

图12-357　　　　　　　　　图12-358

④用同样方法处理另一侧眼眉，如图 12-359 所示。

图12-359

⑤单击"图层"面板底部的 按钮，在打开的下拉菜单中选择"色相 / 饱和度"命令，创建"色相 / 饱和度"调整图层，降低饱和度参数，如图 12-360、图 12-361 所示。

图12-360　　　　　　　　　图12-361

⑥再创建一个"曲线"调整图层，调整曲线增加图像的对比度，如图 12-362 所示。再分别调整红、绿和蓝曲线，改变人像的色调，如图 12-363 ~ 图 12-366 所示。

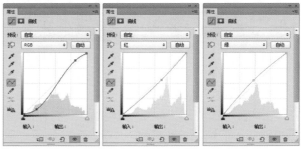

图12-362　　　　　图12-363　　　　　图12-364

图12-365　　　　　图12-366

图12-369

12.12.2　面部贴图

① 执行"图层 > 拼合图像"命令，将所有图层合并在一起，按住 Ctrl 键单击 Alpha 1 通道，载入选区，如图 12-367、图 12-368 所示。

图12-367　　　　　图12-368

② 按下 Ctrl+N 快捷键打开"新建"对话框，创建一个 A4 大小、分辨率为 200 像素 / 英寸的 RGB 文件。按下 Ctrl+I 快捷键将图像反相，使背景成为黑色。

③ 使用移动工具 将选区内的人物拖到新建文档中，选择钢笔工具 ，在工具选项栏中选择"形状"选项，绘制一个黑色的图形，如图 12-369 所示。双击形状图层，打开"图层样式"对话框，选择"斜面和浮雕"、"投影"效果，设置参数如图 12-370、图 12-371 所示，效果如图 12-372 所示。

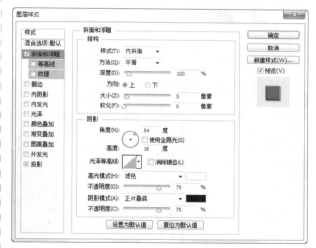

图12-370

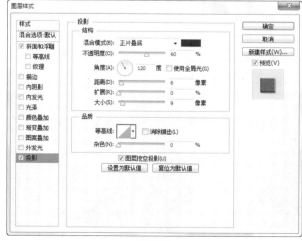

图12-371

图12-372

④在人物的下巴、嘴唇上绘制图形，分别以棕色和黑色填充，设置图层的混合模式为"正片叠底"，将"形状3"图层的不透明度设置为60%，如图12-373、图12-374所示。

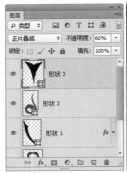

图12-373   图12-374

⑤按住Ctrl键单击"形状1"图层缩览图，载入选区，再按住Shift+Ctrl键单击"形状2"图层缩览图，将该形状添加到选区内，如图12-375所示。新建一个图层，使用画笔工具 ✎ 在选区内涂抹暗黄色，增加图形的立体效果，如图12-376所示。

图12-375   图12-376

⑥打开光盘中的素材文件，如图12-377所示。将蝴蝶拖到人物文档中，调整大小，如图12-378所示。

图12-377   图12-378

⑦按下Ctrl+U快捷键打开"色相/饱和度"对话框，调整参数，使蝴蝶的色调变得古朴，如图12-379、图12-380所示。

图12-379   图12-380

⑧按下Ctrl+M快捷键打开"曲线"对话框，将曲线向下调整，使蝴蝶变暗，如图12-381、图12-382所示。

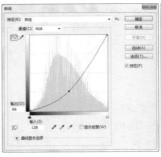

图12-381   图12-382

⑨设置混合模式为"叠加"，单击"图层"面板底部的 ▣ 按钮创建蒙版，使用画笔工具 ✎ 在眼睛上涂抹黑色，隐藏这部分区域，在蝴蝶的底边处也涂抹黑色，使它与人物的皮肤能更好的衔接，如图12-383、图12-384所示。

 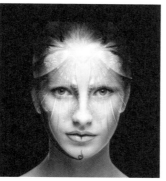

图12-383　　　　　　　　图12-384

⑩再次将蝴蝶素材拖入文档中，调整大小，放置在画面下方，作为人物的衣服。按下 Ctrl+U 快捷键打开"色相/饱和度"对话框，调整参数，使蝴蝶变成暗绿色，如图 12-385、图 12-386 所示。

图12-385　　　　　　　　图12-386

⑪按下 Ctrl+M 快捷键打开"曲线"对话框，将曲线向下调整，使蝴蝶的色调变暗，如图 12-387、图 12-388 所示。

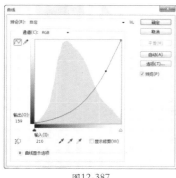 

图12-387　　　　　　　　图12-388

12.12.3　眼妆与头饰

①打开光盘中的素材文件，如图 12-389 所示。使用移动工具 将素材拖入人物文档中，添加蒙版，使用画笔工具 在眼睛上涂抹黑色，使眼睛显示出来，如图 12-390 所示。

图12-389　　　　　　　　图12-390

②按下 Ctrl+J 快捷键复制当前图层，执行"编辑 > 变换 > 水平翻转"命令，将翻转后的图像移动到右侧眼睛上，如图 12-391 所示。

图12-391

③按下 Ctrl+E 快捷键向下合并图层，系统会弹出一个提示框，询问合并前是否应用蒙版，选择"应用"即可，按住 Ctrl 键单击"图层 5"的缩览图，载入选区，如图 12-392、图 12-393 所示。

图12-392　　　　　　　　图12-393

④在当前图层下方新建一个图层，设置混合模式为"正片叠底"，不透明度为80%，在选区内填充棕色，按下 Ctrl+D 快捷键取消选择，使用橡皮擦工具 将遮挡住眼睛的部分擦除，执行"滤

镜 > 模糊 > 高斯模糊"命令，设置参数如图 12-394 所示。按下 Ctrl+T 快捷键显示定界框，适当增加图像的高度，按下回车键确认，如图 12-395 所示。

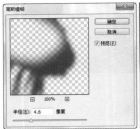
图12-394

图12-395

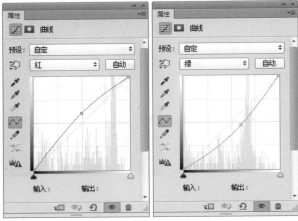
图12-401　　　　　　　　　　图12-402

⑤打开光盘中的素材文件，如图 12-396、图 12-397 所示，使用移动工具 将素材拖入人物文档中。将"底图"放在"背景"图层上方，效果如图 12-398 所示。

图12-396

图12-397

图12-398

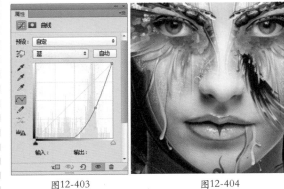
图12-403　　　　　　　　　　图12-404

⑦使用画笔工具 在嘴唇上涂抹白色，使调整图层只作用于嘴唇范围，如图 12-405 所示。

⑥在素材的衬托下，为脸部再添加些妆容。使用椭圆选框工具 在嘴唇上创建选区，如图 12-399 所示。单击"图层"面板底部的 按钮，选择"曲线"命令，创建"曲线"调整图层，将曲线向上调整，增加图像的亮度，如图 12-400 所示。再分别调整红、绿和蓝三个通道，如图 12-401 ~图 12-403 所示，使嘴唇（选区内）颜色变为橙色，如图 12-404 所示。

图12-399　　　　　　　　　　图12-400

图12-405